§. 227.
H.

PHILOSOPHIE

ENTOMOLOGIQUE,

OuvRAGE qui renferme les généralités nécessaires pour s'initier dans l'étude des Insectes, et des aperçus sur les rapports naturels de ces petits animaux avec les autres êtres organisés ;

S U I V I

DE l'exposition des méthodes de Géoffroi, et de celle de Linné combinée avec le système de Fabricius :

P O U R

SERVIR d'introduction à la connoissance des Insectes, en procurant le moyen de les classer et de les rapporter à leurs genres, dont on donne les caractères essentiels et la synonimie.

P A R

J. FLOR. *SAINT-AMANS*, Professeur d'Histoire Naturelle à l'École centrale du département de Lot et Garonne, associé résidant de la Société d'Agriculture du même département ; associé non résidant de la Société des Sciences, Belles-Lettres et Arts de Bordeaux, et de la Société d'Agriculture du département de l'Hérault ; membre honoraire de la Société d'émulation d'Abbeville, etc.

« Verùm animo satìs hæc vestigià parva sàgaci
» Sunt, per quæ possis cognoscere cœtera tute.
LUCRET. liv. 1.

A AGEN,

DE L'IMPRIMERIE DE R.ᴰ NOUBEL

ET SE TROUVE A PARIS,

Chez A. J. DUGOUR, Libraire, rue et maison Serpente.

AN VII.

AVERTISSEMENT.

Je formai le premier projet du travail
que je publie aujourd'hui sur les insectes,
en lisant la philosophie chimique de
Fourcroi. Persuadé qu'il seroit avanta-
geux d'avoir pour toutes les parties de
l'histoire naturelle un ouvrage sous un
aussi petit volume, où leurs principes
fussent exposés avec autant de précision
et de clarté, j'osai concevoir le plan d'une
Philosophie Entomologique. Sans pré-
tendre m'élever jusqu'à l'imitation des
savantes productions dans ce genre de
Linné sur les plantes, et de Gouan sur
les poissons, je cherchai seulement à consigner dans un nombre limité de paragraphes, et les premières et les plus inté-
ressantes notions de l'Entomologie. Je
tâchai de les enchaîner de manière qu'elles
présentassent dans un ordre méthodique
et facile à saisir, les traits les plus curieux

iv

de l'histoire des insectes, ainsi que leurs rapports avec les autres êtres organisés. Déjà parvenu à la plupart des résultats que j'avois en vue, je regardois mon travail comme à-peu-près terminé, lorsque le Philosophia Entomologica de Fabricius, dont je n'avois eu jusqu'alors nulle connoissance, vint suspendre le cours de mes idées, et leur donner à certains égards une autre direction. Il seroit difficile de se représenter le plaisir que me causa cet ouvrage avec lequel je m'étois rencontré quelquefois, et qui remplissoit même avec surabondance le but que je m'étois proposé. On se persuadera plus aisément le changement qu'il dut apporter dans mes idées, et le premier mouvement qu'il dut me suggérer. Je ne cédai cependant pas à ce premier mouvement, qui fut et devoit être d'abandonner mon projet. Fabricius avoit écrit en latin. Son livre paroissoit rare et difficile à se procurer. Quoique peu volumineux, il renfermoit certains chapitres qui me sembloient inutiles pour se procurer la connoissance proprement dite des insectes. Ces chapitres pouvoient grossir sans nécessité un volume de la nature de celui que j'aurois voulu dédier à l'instruction des élèves. Tels sont le 1.er, le 6.e, le 7.e, le 8.e et une partie du 9.e, intitulés Bibliotheca, Dispositio, Nomina, Differentia, Adumbrationes ; ils ne contiennent presque en totalité que des règles pour la formation des genres, des systèmes, ou des méthodes. J'avois d'ailleurs recueilli plusieurs observations, quelques faits, certains rapprochemens, que Fabricius n'avoit point présentés, et qui devoient, en excitant la curiosité, inspirer le goût de l'histoire naturelle. Enfin, mon travail rentroit tellement dans le vœu du ministre de l'intérieur, qu'on le pouvoit envisager comme un de ces programmes raisonnés que les professeurs sont invités à composer dans sa lettre circulaire du 17 vendémiaire an 7. Peser toutes ces considérations, c'étoit se confirmer dans l'idée que l'exécution du projet que j'avois formé, seroit utile. Après un peu de réflexion, il me fut pareillement

impossible de ne pas regarder l'excellent
ouvrage de Fabricius, comme un modèle
que je devois suivre, et comme un trésor
où je pouvois puiser. Je me décidai donc
à retravailler mon manuscrit. Je consultai
plusieurs chapitres de Fabricius, dont je
traduisis même librement quelques articles ; et j'empruntai de lui tout ce qui
me parut convenir à mon objet. Ce fut
alors, seulement alors, que je crus avoir
justifié le titre de mon ouvrage.

Les autres observations qui ne m'appar-
tiennent point se trouvent presque toutes
dans Réaumur, ou dans l'Encyclopédie
méthodique. Le lecteur entomologiste
saura bien les distinguer de celles qui me
sont particulières.

Le commencement de chaque paragraphe est le plus souvent un principe ou
une proposition textuelle dont la suite
n'est que la preuve ou le développement.
J'ai donné quelquefois à cette dernière
partie une assez grande latitude en fa-
veur des simples curieux : un professeur
peut l'étendre à volonté, pour l'instruction
de ses élèves.

Enfin, j'ai ajouté à la partie élémentaire et philosophique, l'exposition des méthodes de Géoffroi et de Linné : celle-ci, telle que Gmelin l'a donnée dans la dernière édition du système de la nature, c'est-à-dire, combinée avec celle de Fabricius. On trouve dans l'exposition de ces méthodes les caractères de toutes leurs divisions et subdivisions jusqu'aux genres inclusivement ; et même dans celle de Géoffroi, jusqu'aux familles qui divisent quelquefois les genres. Pour rendre la connoissance de ceux-ci plus sûre et plus complette, j'ai cru devoir aussi rapporter leur synonimie, que Gmelin a négligée. Avec ces divers secours, un élève, un amateur peut, dans ses promenades champêtres, s'initier dans l'étude des insectes, et se fixer sur les genres auxquels ils doivent appartenir.

Tel est le foible essai que je consacre à l'instruction publique régénérée. Puisse-t-il être jugé digne de quelque indulgence ! Tout ce qui tend à rapprocher les hommes de la nature peut concourir à les rendre à la fois plus heureux et meilleurs.

Le lecteur qui se proposcroit de parcourir cet ouvrage avant d'avoir observé les Insectes, ou acquis les premières connoissances en Entomologie, nous excusera de le fixer d'abord sur les notions suivantes :

L'insecte, en sortant de l'œuf, est chenille ou ver ; c'est l'état de larve.

Il se revêt ensuite d'une coque ou enveloppe plus ou moins dure, et reste dans un absolu repos ; c'est l'état de nymphe ou de chrysalide.

Il sort de cette enveloppe, et paroît avec des ailes ; il est alors insecte parfait.

On peut observer ces métamorphoses, ou changement d'état, dans le plus grand nombre des insectes.

PHILOSOPHIE
ENTOMOLOGIQUE.

Les insectes peuplent à-la-fois l'air, la terre et les eaux. Par leur multiplicité, leurs métamorphoses, leurs relations intimes avec tous les corps, soit bruts, soit organisés, ils comblent, pour ainsi dire, les intervalles de la création, et forment la trame du grand tissu de tous les êtres. Ainsi, les insectes, que leur importunité, leurs déprédations journalières font généralement regarder comme nuisibles, qui n'obtiennent de la plupart des hommes, que le regard de l'indifférence ou du mépris, ne sont pas cependant de tous les animaux ceux qui paroissent les moins dignes d'être étudiés, et qui réclament le moins impérieusement l'attention des naturalistes. Quelque soit la variété de leurs formes, ils captivent également l'œil de l'observateur par leur intelligence et leur industrie. Quelque soit l'extrême petitesse qui les dérobe souvent à notre vue, ils jouissent, comme les plus grands de tous les êtres sen-

A

sibles, de cet instinct que la raison ne remplace pas toujours, qui ne s'éteint qu'avec l'individu, et qui jamais ne s'égare. Si, les considérant sous un autre rapport , nous réfléchissons à tous les points de contact qui existent entr'eux et nous ; si nous envisageons combien nous sommes par - tout exposés à leurs insultes ; combien cependant ils nous rendent de services; combien , s'ils étoient mieux connus, s'accroîtroit encore la série des avantages qu'ils nous procurent ; combien les plus légers aperçus de leur histoire et de leurs mœurs nous offrent d'intérêt, nous réservent de jouissances : nous acheverons facilement de nous convaincre qu'il est important pour nous de les observer, non-seulement par la raison , qu'ils peuvent nous nuire , mais encore parce que leur étude réunit sans cesse l'utilité la plus directe aux agrémens qui lui sont particuliers. Pour exposer ces vérités dans tout leur jour , et prouver que *l'Entomologie* n'est ni futile , ni stérile , il suffit d'indiquer les rapports naturels des insectes avec les autres êtres, et de les considérer en eux-mêmes dans les résultats suivans.

I.

On peut diviser l'utilité des insectes, en générale , et en spéciale ou particulière.

Les insectes sont d'une utilité générale par
rapport à l'économie universelle de la nature.
Ils sont pour nous d'une utilité particulière relativement à leur usage dans l'économie domestique, dans la médecine, ou dans les arts.

I I.

L'utilité générale des insectes, dans le système de la nature, s'exerce d'une manière oc-
culte, lorsqu'avec les vers et les végétaux, ils
élaborent, assimilent, combinent, modifient,
par le moyen de la nutrition, les principes les
plus subtils et les plus tenus de la matière : elle
s'observe d'une manière manifeste, lorsqu'ils
consomment les matières putrides, ou qui
tendent à la corruption ; lorsqu'ils dépouillent
annuellement les végétaux ; lorsqu'ils absorbent
les humeurs superflues des animaux ; lorsqu'ils
maintiennent l'équilibre entre les espéces des
deux premiers règnes, qui leur servent d'alimens, ou qui se nourrissent de leur substance.

I I I.

Toute la nature existe dans un état de dis-
corde. Lorsque quelqu'être périt, il se change
en un nouvel être ; afin qu'il n'y ait jamais
rien de superflu là où il n'y a rien d'inutile.

I V.

La guerre de tous contre tous renouvelle sans cesse le théâtre de la nature, et conserve dans toute sa splendeur le magnifique spectacle de la création.

V.

Ainsi, dans un cercle perpétuel, s'entretient la succession des êtres, jusqu'à ce que le globe subisse le changement auquel il paroît condamné lui-même par les lois de la nature, ou par les décrets de l'Éternel.

V I.

Si les insectes concourent, avec tous les autres êtres, au maintien de l'harmonie générale, ils y sont irrésistiblement excités par l'aiguillon de la faim, par l'atrocité de la douleur, et par l'attrait du plaisir.

La faim qui les presse, les obligeant à se nourrir, ils ne périssent point avant d'avoir donné naissance à leur progéniture.

La douleur qu'ils éprouvent, les porte à se conserver, pour remplir la tâche qui leur est imposée.

L'attrait impérieux du plaisir les engage, même aux dépens de leur vie, à la donner à ses descendans qui doivent continuer les fonctions de leurs pères.

V I I.

La propagation des espèces est la dernière fin de la création.

La plupart des insectes meurent immédiatement après avoir satisfait au vœu de la nature. Ceux qui n'ont pas accompli ce vœu passent l'hiver, pour l'accomplir au printemps; et cessent de vivre.

V I I I.

Les insectes consomment les substances putrides, afin qu'aucun miasme insalubre, qu'aucune odeur pernicieuse ne se perpétue sur le théâtre de la nature.

Les cadavres des grands animaux qui corrompent l'air, sont bientôt dévorés par les dermestes, les boucliers, les straphilins, sur-tout par les fourmis et les larves des mouches. Les os dépouillés se décomposent, et leurs élémens se dispersent.

Les cadavres des animaux plus petits sont enterrés ou cachés par les nicrophores et les fourmis.

Les arbres pourris sont perforés en dédales sinueux par les larves des cétoines, des lu-

A 3

canes, des cerambix, des priones et de plusieurs autres insectes. Les eaux pluviales pénètrent dans la substance ligneuse, y excitent une fermentation favorable au développement dês plantes *cryptogames*; et la végétation réduit promptement le corps de l'arbre en terreau.

Les eaux stagnantes, accescentes, putrides, sont purifiées par les nombreuses larves qui les habitent.

Les eaux fétides des fumiers sont en partie consommées par les larves d'une espèce de mouche.

Les excrémens des animaux sont d'abord divisés par les scarabées. Délayés ensuite par les pluies; ils sont desséchés par les vents, et dispersés dans les airs : la place qu'ils occupoient, est rendue à la végétation; et les plantes s'y établissent.

Les plantes malades ou languissantes par la lésion des racines ou l'inconvenance du sol, sont détruites par les pucerons. Un triste spectacle ne se perpétue point; et ce même sol n'est plus ravi à d'autres plantes auxquelles il est approprié.

I X.

Par le dépouillement des végétaux, les insectes

préviennent les effets d'une décomposition spontanée trop abondante qui vicie l'atmosphère, ils excitent le mouvement de la séve, et déterminent de nouvelles productions.

Les gramens sont la pâture des plus grands animaux; les arbres les plus élevés sont détruits par les insectes : le chêne en nourrit, lui seul, plus de deux cents espèces.

Chaque année, les arbres sont principalement dépouillés par les larves des *coléoptères* et des *lépidoptères*.

Le bostriche piniperde s'introduit dans les branches inférieures des pins, ronge leur intérieur, les dessèche, et détermine leur chute : jardinier de la nature, il n'attaque jamais les rameaux supérieurs, dont il favorise les progrès.

Il n'est aucune plante qui n'offre à quelque insecte une nourriture qui lui convienne.

Plusieurs charansons, anthrènes, et tenthrèdes vivent sur la scrophulaire, dont aucun autre animal ne se nourrit.

Un puceron, une chrysomèle et plusieurs phalènes trouvent leur subsistance sur l'absinthe vulgaire;

Un staphilin, sur l'hellébore;

Le sphinx atropos, sur le chanvre;

Une abeille, dans les fleurs de la renon-
cule âcre.

L'ortie dioïque adulte, que rebutent tous
les autres êtres vivans, sert de nourriture
aux larves de certains *lépidoptères*, à une
espèce de kermés, à un puceron, à une
punaise et à une mouche.

Le suc caustique des euphorbes offre un
aliment salutaire aux larves d'une espèce de
sphinx.

Les plus arides des lichens sont dévorés
par deux espèces de teignes.

X.

Il est peu d'animaux dont quelque insecte ne
succe le sang, et dont il ne diminue ainsi la
tendance aux affections pléthoriques. Les nombreux animaux soustraits par l'homme à l'état
de nature, nourris dans le repos et dans l'abon-
dance des alimens, pourroient périr suffoqués,
si les insectes ne les forçoient au mouvement,
et s'ils ne les délivroient de leurs humeurs
superflues.

L'immense progéniture des poux tour-
mente l'homme et la plupart des animaux.

La puce harcelle l'espèce humaine et tous
les *mammifères*.

Le cousin, la fourmi, la punaise versent

dans leur piqûre un venin qui nous élec-
trise , et prolonge la douleur.

Le stomoxe calcitrant s'attache aux pieds
des bœufs , qu'il ensanglante avec son
aiguillon.

Le moucheron , le taon , l'hypobosque et
l'azile ne cessent de désoler les bestiaux,
depuis le printemps jusqu'à l'automne.

L'oëstre, pendant l'hiver, s'introduit dans
le corps des mêmes animaux, s'y établit; et,
par la succion qu'il y opère , y forme une
espèce d'exutoire vivant, qui procure l'écou-
lement des humeurs surabondantes.

X I.

Les insectes conservent l'équilibre dans les
nombreuses espèces d'animaux, afin qu'aucune
ne prévale sur une autre , et n'envahisse son
domaine.

Les plus grands animaux sont à cet égard
les plus restreints ; ils sont victimes quelquefois des plus petits insectes.

Parmi ceux-ci, les plus foibles sont d'une
fécondité d'autant plus grande : leur nombre
multiplie leur action ; et toute proportion
est conservée.

Une espèce d'aselle, au milieu des mers,
succe la peau de la baleine, et la couvre de
larges plaies.

Il n'y a guère d'insecte qui ne nourrisse lui-même d'autres insectes. Les abeilles, les scarabées, les araignées, les tipules, et même les notonectes qui vivent dans les eaux, sont rongés par les poux, et sur-tout par les mittes.

Les larves des ichneumons détruisent celles des carabes, des cicindelles et d'autres insectes. Le grand nombre des pucerons est diminué par les coccinelles et par les mouches aphidivores.

Celui des abeilles à miel l'est souvent par des guerres civiles.

Beaucoup d'insectes usent habituellement de force ou d'adresse pour dévorer d'autres insectes.

Les araignées sévissent avec cruauté contre leur propre espèce.

X I I.

Les insectes conservent aussi l'équilibre parmi les végétaux ; tandis qu'ils favorisent la propagation de quelques espèces , ils mettent des bornes à la trop grande multiplication de quelques autres , et les détruisent.

Ils favorisent la propagation des espèces en facilitant leur fécondation. Sans certains insectes , il est peut-être des plantes qui ne sauroient fructifier.

Une espèce de cinips sert à la fécondation du figuier : c'est sur ce fait déjà depuis long-temps observé, que la *caprification* est fondée.

La tipule pennicorne aide à la fécondation de l'aristoloche.

La multiplication trop considérable de quelques autres espèces de plantes, reçoit des bornes de la part des insectes qui rongent leurs racines, rendent leurs fleurs stériles ou dévorent leurs semences.

Une espèce de bombix détruit les nombreuses graminées qui s'emparent des prairies. Les années suivantes, ces prairies se couvrent de fleurs les plus brillantes et les plus variées.

Les charansons désorganisent les fleurs du poirier, de la campanule, et les empêchent de fructifier.

Une petite punaise opère le même effet sur les fleurs du *teucrium chamædris* qu'elle rend monstrueuses.

Les tipules, les truxales, les hannetons, rongent les racines.

Les charansons , les bruches , les dermestes, les teignes et plusieurs autres insectes dévorent les semences.

XIII.

Si les insectes détruisent les autres êtres organisés; s'ils se nourrissent de leur substance, ils sont aussi leur pâture, et sont détruits par eux.

Il est de grands quadrupèdes qui se nourrissent uniquement de fourmis : on les a nommé fourmilliers ou *myrmecophages*. Presque tous les oiseaux font leur proie des insectes.

Les poissons en sont affamés, ainsi que les amphibies : l'art de la pêche sait profiter de cette observation.

Les insectes trouvent aussi de dangereux ennemis parmi les plantes.

Quelques-unes, comme le silène muscipule, les retiennent invinciblement par la viscosité de leurs tiges.

Leur tête, saisie par les fleurs des apocins, y reste engagée malgré tous leurs efforts.

Ils sont arrêtés dans leur vol et poignardés par les épines des cactiers.

Ils meurent dans la fleur de l'arum muscivore.

Ils périssent dans les feuilles de la dionée, qui se referment sur eux.

XIV.

Cependant, si la nature condamne les individus à périr, elle ne veille pas moins toujours à perpétuer les espèces. Nous devons considérer à cet égard les insectes dans leurs différens états.

1.º *Dans l'œuf.*

Jamais les insectes ne s'offrent sous un rapport plus intéressant, que dans les précautions qu'ils emploient pour la conservation de leurs œufs, et pour procurer, lorsqu'ils ne seront plus, à leur progéniture les premiers moyens de subsister.

Le scarabé vernal et le bousier pillulaire enferment leurs œufs dans une boule de terre pétrie avec du fumier.

Les boucliers déposent les leurs dans les cadavres des petits animaux qu'ils ensevelissent.

Les mantes les enveloppent d'une écume que la chaleur condense et durcit.

Les sauterelles et les criquets les enfoncent dans la terre,

Plusieurs bombix les revêtissent de leurs propres dépouilles.

D'autres bombix les disposent en anneaux

autour des branches de certains arbres, où les recouvrent d'un enduit visqueux et tenace.

Une espèce de teigne les colle aux semences des plantes dont les larves doivent se nourrir.

L'attelabe du noisetier cache les siens dans une feuille roulée en cylindre clos à chaque extrémité.

Les cousins confient les leurs aux eaux stagnantes, sur lesquelles ils se soutiennent à cause de leur légèreté.

La mouche stercoraire pond les siens sur les excrémens, où deux petites membranes latérales les empêchent de s'enfoncer.

Les cynips blessent les tendres rameaux ou les bourgeons des arbres; ils y pratiquent de légères entailles dans lesquelles ils placent leurs œufs. Celui du chêne produit ainsi la noix de galle du commerce.

L'ichneumon dépose les siens dans les larves ou les chrysalides de certains insectes, où les colle au corps de ces larves et de ces chrysalides.

L'hémérobe les élève au sommet d'un long pédicule capillaire implanté sur les feuilles des arbres, ou sur leurs jeunes rameaux.

Un sphex, avec ses pieds antérieurs, creuse une fosse dans laquelle il enfouit ses œufs, et les corps des larves ou des araignées qu'il destine à la nourriture de ses petits ; il ferme ensuite l'orifice de la fosse avec de l'argile détrempée.

Un autre sphex nourrit ses petits avec des chenilles vivantes, qu'il leur apporte successivement dans le nid, dont il mure et démolit alternativement l'ouverture.

L'abeille maçone construit, pour renfermer les siens, un logement solide et commode avec une sorte de mortier.

L'abeille charpentière fabrique, dans le même objet, un édifice en bois. L'un et l'autre sont distribués en chambres séparées par des cloisons, des planchers ou des voûtes : chacune de ces distributions, destinée pour une larve, est munie des provisions dont elle doit se nourrir.

L'abeille coupeuse enfonce dans la terre un cornet formé avec des feuilles de rosier, le remplit du nectar des fleurs, y dépose ses œufs, et ferme l'ouverture avec un morceau de la même feuille taillé circulairement.

Une espèce d'andrène tapisse l'intérieur de son nid avec des morceaux détachés de l'éclatante corolle du coquelicot.

Le pollen des fleurs sert à l'abeille à miel pour construire ses alvéoles hexagones dans lesquelles ses œufs sont déposés avec la patée ou le nectar qui doivent nourrir les larves.

Les fourmis conservent leurs œufs, dans des sortes de magasins, parmi divers matériaux ramassés dès long-temps avec une infatigable sollicitude.

L'oëstre épie, tout le long du jour, le moment où il pourra s'accrocher à l'animal dans le corps duquel il doit déposer ses œufs.

Une araignée enferme les siens dans une poche de soie, et les enveloppe d'une feuille: fixée sur cette feuille, elle semble dévouée à l'incubation avec une imperturbable assiduité.

Une autre araignée, ayant placé les siens dans de petites boules formées d'un léger duvet, les suspend à des fils déliés, et les cache avec soin derrière de petits paquets de feuilles sèches.

Une autre araignée enfin, appartenant à ces espèces qu'on nomme *araignées-loups*, ayant aussi pondu ses œufs dans un sac tissu de son propre fil, les traîne toujours après elle. Ce sac est déchiré par l'araignée, quand les petits sont éclos. Ils sortent alors, et montent sur le corps de leur mère. Celle-ci les nourrit de sa chasse journalière, dont elle partage avec eux les

produits,

produits, jusqu'à ce qu'ils soient en état de pourvoir eux-mêmes à leur subsistance.

Une punaise champêtre vit de même en famille avec ses petits, les conduit, les surveille avec toute la sollicitude que manifeste une poule pour ses poussins. Degeer, qui a observé en Suède cette punaise sur le bouleau, remarque aussi quelque chose de pareil dans le genre des forficules.

L'écrevisse porte ses œufs attachés à des filets mobiles au-dessous de sa queue, jusqu'à ce qu'ils éclosent.

Les cloportes gardent les leurs, jusqu'à la même époque, dans leurs fossettes pectorales.

La cochenille donne aux siens un abri salutaire sous son corps mourant.

2.º *Dans l'état de larve.*

Les larves ont divers moyens de repousser leurs ennemis, ou de se dérober à leurs poursuites.

Quelques - unes sont hérissées de longs poils.

D'autres sont pourvues d'épines ou d'aiguillons.

Quelques autres se recouvrent de leurs propres excrémens.

Il en est qui se cachent dans une écume qu'elles rendent par l'anus.

Il en est qui se contruisent des galeries sous lesquelles elles voyagent au loin.

Quelques-unes habitent en famille sous des tentes communes, où elles se retirent chaque soir.

D'autres s'enveloppent dans des feuilles d'arbres, et se suspendent par un fil à leurs rameaux, quand elles sont poursuivies.

Quelques autres enfin s'habillent du duvet des étoffes, ou du poil des animaux : comme les larves de plusieurs teignes.

Les larves des friganes qui vivent dans les eaux marécageuses, se revêtissent de fragmens de végétaux, et de tout ce qui se trouve à leur disposition : les petites coquilles fluviatiles vivantes ne sont point exceptées.

3.º *Dans l'état de chrysalide.*

Les chrysalides agissantes pourvoient à leur sûreté par des moyens analogues à ceux qu'emploient les larves dans le même objet.

Celles qui doivent rester immobiles s'ensevelissent dans la terre,

Ou dans une coque de fils aglutinés,

Ou se suspendent à des fils déliés,

Ou s'attachent fortement à quelque corps solide,

Ou se confient dans la dureté de l'enveloppe qui les recouvre entièrement : cette seule précaution suffit au plus grand nombre.

4.º *Dans l'état parfait.*

Les insectes, dans ce dernier état, sont pourvus des moyens de s'évader, de se cacher, de se défendre.

Les uns ont reçu des aîles pour échapper à leurs ennemis.

Les autres, tels que la blatte et l'araignée, cherchent leur salut dans la célérité de leur course.

Des chrysomèles, des criquets, des cigales, des podures et les puces, se sauvent par l'agilité de leurs sauts.

Les dytiques, les hydrophyles, les tourniquets, les notonectes se dérobent sous les eaux.

Les scarabées, les truxales, les hélops se cachent sous la terre.

Le crabe-nain, le pinnothère se tapissent sous les valves des coquilles occupées par leurs habitans.

Le pagure diogène et le bernard se retirent dans les coquilles abandonnées.

B 2

L'araignée recluse habite un creux cylindrique qui se ferme à l'aide d'un opercule retenu par des fils, et retombant par son propre poids.

Les charansons, les bruches, les gribouris cherchent à éviter une mort réelle par une mort simulée.

Une mante, quelques criquets, quelques cigales imitent les feuilles mobiles dans l'air agité ; ainsi la nature se joue quelquefois de la nature.

Certaines espèces d'abeilles, de mouches et de buprestes sont hérissées de poils.

Quelques autres sont revêtus d'une forte cuirasse : comme les hydrophyles.

Il en est qui sont armés d'un corcelet épineux : comme les stratiomes.

Le méloë proscarabé s'enduit d'une huile âcre qui découle de ses tarses, et principalement de ses genoux.

Des punaises, des réduves, des acanthes, par l'odeur insupportable qu'elles répandent, éloignent leurs agresseurs.

Les boucliers cherchent à repousser leurs ennemis par des vomissemens et des déjections fétides.

Le carabe bombardier épouvante les siens par les explosions réitérées qu'il fait entendre , et par la fumée qui les accompagne.

Les staphilins et les thryps menacent de leur queue vibrante.

Les panorpes , les forficules agitent leur double dard.

La mante et la nèpe cherchent à se défendre avec leurs pieds antérieurs , aigus et courbés en faucille.

L'hydrophile emploie plus efficacement pour cet objet l'extrémité inférieure de son corcelet allongé en forme de poignard.

Les notonectes piquent vivement avec leur trompe effilée.

Le crabe pince douloureusement , ainsi que l'écrevisse.

Les cicindelles , les araignées , les scolopendres mordent cruellement avec leurs fortes mâchoires.

Les scorpions blessent quelquefois mortellement l'homme même avec leur aiguillon.

X V.

L'utilité spéciale ou particulière des insectes s'entend de leur usage dans la médecine , l'économie domestique , ou dans les arts.

L'utilité que nous pourrions retirer de plusieurs insectes , est encore ignorée : c'est à la connoissance, c'est à l'étude approfondie de ces petits animaux à nous éclairer sur cet objet.

La médecine invoque les propriétés des cantharides, des cloportes, du kermés, du méloë proscarabé. Elle s'approprie le miel de l'abeille. Elle prescrit les nymphes, l'acide et les bains de fourmi. Elle peut encore employer la toile de l'araignée, qui sur une blessure légère arrête l'effusion du sang.

La coccinelle à sept points guérit-elle l'odontalgie, ainsi qu'un dentiste allemand vient de l'annoncer? il est à désirer que l'efficacité d'un remède aussi singulier se vérifie.

L'économie domestique réclame, dans nos climats, l'écrevisse, le crabe, la crevette, le miel des abeilles; en Suède, une espèce de fourmi dont la saveur aigrelette est recherchée; à Cayenne, l'abdomen d'une autre espèce de fourmi, très-agréable au goût des nègres et des créoles; aux Indes occidentales, la larve du charanson des palmiers. Quelques peuples de l'Afrique vivent de termites : quelques autres se nourrissent de sauterelles, de criquets, de grillons; et sont nommés *acridophages*.

On peut manger impunément les chenilles et les araignées. Les Romains regardoient les larves de plusieurs coléoptères comme des mets très-délicats.

On profite, en Carniole, de l'immense multiplication de l'éphémère commune, pour fumer les terres.

Une sorte de resine recueillie par la fourmi de Suède ci-dessus citée, produit sur les charbons ardens un parfum des plus exquis.

On s'éclaire en Amérique, pendant l'obscurité des nuits, avec des insectes phosphoriques du genre des fulgores, des lampyres et des taupins. On travaille, on lit, on écrit à la lueur de ces lampes vivantes.

Quatremère-Disjonval a trouvé dans le travail de l'araignée un indice sûr des variations de l'atmosphère, et regarde cet insecte comme un baromètre naturel (*).

L'apparition annuelle ou le retour périodique de certains insectes a donné l'idée d'un calendrier entomologique à l'usage des cultivateurs.

(*) L'instinct de l'araignée a été remarqué par Michel Montagne, dont le génie étoit susceptible de tout embrasser. *Pourquoi*, dit-il, *apasisie l'araignée sa toile en un endroit, et relâche en un autre ; se sert à cette heure de cette sorte de nœud, et tantôt de celle-là, si elle n'a et délibération, et pensement, et conclusion?* Ess. de Mich. Mont. liv. II, chap. XII.

Les arts utilisent la laque des fourmis, la cire des abeilles, la soie du bombix du mûrier. On extrait du capricorne musqué un arome très-agréable qui s'unit à l'eau, et qu'on peut employer pour éloigner les mittes.

Le kermés du chêne vert, la cochenille de Pologne et celle du figuier d'Inde cèdent à la république la plus éclatante de ses couleurs.

XVI.

Les insectes doivent encore être considérés sous le rapport qu'ils ont de nuire.

Ce sont des ennemis que nous trouvons partout : il est indispensable de nous préserver de leurs ravages dans l'économie animale, rurale, politique et domestique.

Les mittes, les fourmis, les puces, les poux, les punaises, les cousins osent assaillir l'homme, qui soumet tous les autres animaux à son empire.

La mitte sangsue, en Amérique, succe le sang de ses jambes.

Il périt quelquefois victime du *pulex penetrans*, vulgairement connu sous le nom de *chique.*

Les mittes de la gale et de la dyssenterie lui causent souvent la mort.

Il succombe aux horreurs de la maladie pédiculaire, jadis regardée comme un châtiment du Ciel.

Les oëstres, les taons, les stomoxes, les conops, les asyles harcellent les bestiaux.

La teigne mélonelle, la céréale, l'araignée calycine assiégent les abeilles dans leurs travaux ; le clairon apivore se nourrit de leurs larves et de leurs chrysalides.

La mitte domestique et la destructive sont les fléaux des naturalistes, dont elles rongent les collections.

Une autre mitte, désignée sous le nom latin d'*acarus eruditus*, dévore les livres.

Les larves des lépidoptères, les charansons, les chrysomèles, les hannetons dépouillent les arbres.

Les charansons, les noctuelles, les phalènes détruisent les herbes.

Le bombix et la phalène des gramens, les truxales, les tipules consomment les meilleures plantes des prairies.

Les chrysomèles nuisent aux jardins ; les pyrales, aux productions des vergers.

D'autres phalènes, les trips, les grillons, les teignes ruinent les moissons.

Une chrysomèle, un charanson enlèvent quelquefois, dès le printemps, le riant espoir des vendanges.

Plusieurs mille arpens de forêts, dans quelques parties de l'Allemagne, viennent d'être dévastés par des insectes, principalement par les chenilles du pin, du sapin et du bouleau.

Le lymexylon naval, en perforant les vaisseaux, peut causer la perte des escadres les plus formidables : il peut aussi percer les digues qui garantissent certaines contrées d'être englouties par l'Océan.

Aux Indes occidentales, les fourmis ravagent les plantations, et forcent le cultivateur à leur délaisser son domaine, qui devient un affreux désert. Tel étoit, il y a vingt ans, l'un des principaux quartiers de la Grenade et de la Martinique.

Des nuées de criquets et de sauterelles, abandonnées par les vents, couvrent des régions entières, et portent avec elles la famine, la désolation et la mort.

Les charansons, les teignes, les bruches infestent nos greniers.

La vrillette opiniâtre, les teignes, les dermestes, les blattes, les fourmis détruisent les meubles, les vêtemens et les comestibles,

Dans les deux Indes, l'homme périt quelquefois sous les ruines de son habitation,
dont les termés ont provoqué la chute.

XVII.

L'Entomologie est une partie de l'histoire
naturelle qui a pour objet la connoissance des
insectes.

Il n'y a point de caractère unique et tranchant
qui sépare les insectes de toutes les autres classes
d'animaux. Pour les isoler, il faut recourir à
plusieurs caractères dont ils offrent exclusivement la réunion. Ces caractères sont d'être
des animaux à sang blanc et *polypèdes ;* de
n'avoir point d'os, mais une enveloppe extérieure pour l'attache des muscles ; d'être pourvus
d'antennes ou d'antennules ; d'avoir des ouvertures latérales pour la respiration, et le plus
souvent le corps resserré dans son milieu par
un étranglement très-sensible ; de muer, ou
de se revêtir de peaux nouvelles ; de subir des
métamorphoses ou changemens de forme ; enfin,
d'avoir les mandibules et les mâchoires placées
transversalement, quand ils en sont pourvus.
Suivant la définition de Latreille, les insectes
sont des *animaux sans vertèbres, dont le corps
et les pattes sont de plusieurs pièces.*

Il est à remarquer que les membres des autres animaux, quoique composés de plusieurs pièces, sont recouverts par une peau continue; et que, dans les insectes, chaque articulation des pattes est enveloppée par une portion de tégument qui lui est particulière: ce qui rend ces articulations vraiment distinctes et séparées.

XVIII.

L'élève observera d'abord quatre parties principales dans les insectes; savoir : la tête, le tronc, l'abdomen et les membres.

Toute bonne description des insectes devant reposer sur la détermination précise de leurs parties, notre premier soin sera de reconnoître les divers caractères qu'elles peuvent offrir.

XIX.

La tête, attachée au corcelet ou à la poitrine, le plus souvent sans intermède bien sensible, comprend la bouche, les yeux, les antennes, le front et le *vertex*.

La tête, presque toujours distincte, semble une continuation du tronc dans l'araignée, le crabe et l'écrevisse.

Elle est amincie vers la partie antérieure dans le charanson, le panorpe; vers la partie postérieure , dans l'attelabe et la raphidie.

X X.

On compte ordinairement dix parties principales dans la bouche des insectes.

1.2. Les lèvres supérieure et inférieure.

3. Les mandibules au nombre de deux ; transversales , d'une substance cornée , et qui cachent en recouvrement les mâchoires en tout ou en partie.

4. Les mâchoires, situées latéralement comme les mandibules , quelquefois coriaces, souvent membraneuses.

5. Les galètes aussi au nombre de deux, larges, plattes et membraneuses , placées à la partie externe des mâchoires , et qui cachent presque entièrement la bouche des *orthoptères*.

6. Les antennules au nombre de deux ou davantage, articulées, sensibles et mobiles, situées à la partie inférieure de la bouche. Elles ont aussi reçu le nom françois de *palpes*.

7. La langue , trompe des *lépidoptères*, roulée sur elle-même , composée de deux pièces , et située entre les antennules.

8. Le bec, gaine articulée , univalve , et contenant deux ou trois soies ou filets que

l'insecte introduit dans le corps des animaux,
ou dans le tissu des plantes qui lui fournissent
la nourriture.

9.   Le suçoir, composé d'un ou plusieurs
filets, ou sans gaine, ou renfermé dans une
enveloppe bivalve inarticulée.

10.   La trompe, charnue, cylindrique, droite,
presque labiée à l'extrémité, rétractible, et
formant la bouche proprement dite des *diptères*, comme la langue spirale (7.) forme
celle des papillons et des sphinx.

Fabricius a fondé sa méthode et ses genres
sur les parties de la bouche des insectes.

X X I.

Les yeux diffèrent quant au nombre, à la
situation, à la connexion, à la composition et
à la figure.

Les yeux, dans presque tous les insectes,
sont immobiles et sessiles; ceux des crabes
et des écrevisses sont mobiles et pédiculés.

On n'en observe qu'un dans le monocle,
ou deux réunis au point de paroître n'en
former qu'un seul.

Deux, dans la plupart des insectes.

Quatre, dans le gyrin.

Six et huit, dans l'araignée.

Le nombre des yeux simples compris dans les yeux composés ordinaires ou à facettes, est très-multiplié.

Lewenhoek en a vu trois mille cent quatre-vingt-un dans un coléoptère.

Huit mille, dans une mouche.

Pujet en a compté dix-sept mille trois cent vingt-cinq dans un papillon.

Bazin, dans un autre papillon, trente-sept mille six cent cinquante-six.

On a donné le nom de petits yeux lisses à des points brillans situés, communément au nombre de trois, sur le *vertex* de certains insectes : tels que la mouche, l'abeille et la libellule.

X X I I.

Les antennes, filets mobiles plus ou moins longs, articulés, sensibles, placés au devant de la tête. On a conjecturé qu'elles pouvoient être le siége du tact ; et les antennules ou palpes, celui de l'odorat.

Les antennes diffèrent quant au nombre, à la situation, à la proportion, à la figure. Elles diffèrent aussi par les articles, dont on considère le nombre et la forme, par le sommet et par la connexion.

Les antennes sont très-longues dans le capricorne héros.

Médiocres, dans le carabe doré.

Courtes, dans la coccinelle.

Très-courtes, dans la nèpe.

Nulles, dans l'araignée.

XXIII.

Le front, partie la plus antérieure de la tête entre les yeux et la bouche, diffère par la substance, la figure et la superficie.

XXIV.

Fabricius appelle *vertex* la région supérieure de la tête. Il donne le nom de *gula* à cette partie qui s'observe, au-dessous de la bouche, entre celle-ci et le cou. L'une et l'autre varient, comme le front, par la substance, la figure et la superficie.

XXV.

Le tronc, entre la tête et l'abdomen, comprend le corcelet, la poitrine ou le *thorax*, proprement dit, l'écusson et le sternum. Ces parties diffèrent quant à leur figure, à leur proportion, à leur superficie, à leurs bords et à leurs sutures.

XXVI.

Le corcelet est cette partie du corps des insectes qui se trouve entre la tête et la base des

élytres

élytres ou des aîles. Elle donne naissance, dans presque tous les insectes , à la première paire de pattes.

XXVII.

L'écusson est cette petite pièce triangulaire qu'on remarque derrière le corcelet, entre les deux élytres. Les insectes *aptères*, et ceux dont les élytres sont réunies, n'ont point d'écusson : il en est ainsi des *lépidoptères*.

L'écusson est quelquefois si étendu dans les punaises, qu'il cache entièrement leurs aîles et même leur abdomen.

On donne aussi le nom d'écusson à la partie postérieure du corcelet des *diptères*, des *hymenoptères*, etc.

XXVIII.

La poitrine est la partie inférieure du tronc qui répond au corcelet. C'est à la poitrine que s'attachent les quatre pieds postérieurs des insectes *hexapodes*. Elle est munie latéralement de petites ouvertures nommées *stigmates*, et qui servent à la respiration.

XXIX.

Le sternum est situé longitudinalement sur le milieu de la poitrine , et répond à l'écusson.

C

Il occupe l'espace compris entre les quatre pattes
postérieures. Il est souvent mucroné ou terminé
en pointe antérieurement ou postérieurement,
et diffère par la proportion et le sommet.

X X X.

L'abdomen, annelé, percé de stigmates, est
annexé au corcelet, et termine le corps des
insectes. Il varie dans le nombre de ses anneaux
ou segmens, et par la proportion, la connexion,
la figure, la superficie, les bords, et par l'anus
situé à sa partie postérieure.

L'abdomen est quelquefois caché sous les
aîles. La partie supérieure de l'abdomen reçoit
quelquefois le nom de *dos* ; et la partie inférieure, celui de *ventre*.

L'anus donne issue aux excrémens. Il renferme les parties de la génération dans la plupart
des insectes.

X X X I.

Quant à l'organisation intérieure du tronc,
il suffit ici d'exposer, que les viscères essentiels
à la vie, le cerveau, le cœur et les poumons, ne
sont point, comme chez les autres animaux,
renfermés dans des cavités particulières, mais
qu'ils se prolongent en longs vaisseaux dans
toute l'étendue du corps ; que, divisés par

autant d'étranglemens transversaux qu'il y a d'anneaux dans le corps des insectes, ils forment pour chacun de ces anneaux un cerveau, un cœur et un poumon particuliers ; au moyen desquels s'entretiennent l'irritabilité, la circulation et la respiration nécessaires à l'existence : que par conséquent il n'est dans les insectes aucun point central où la vitalité réside exclusivement ; ce qui explique la ténacité de leur vie, et l'effet éloigné que produisent sur eux les blessures même les plus considérables.

Ils sont à cet égard rapprochés des végétaux.

XXXII.

Les membres adhérens au corselet, à la poitrine et à l'abdomen, sont les pattes, les ailes, les balanciers, les cueillerons, les peignes, la queue et l'aiguillon.

Les membres sont les agens du mouvement volontaire : ils servent au déplacement, à l'attaque et à la défense.

XXXIII.

Les pattes sont attachées au corcelet, à la poitrine, et quelquefois à l'abdomen. Elles comprennent la cuisse ou le fémur, le tibia ou la jambe, et les tarses. Elles diffèrent par leur nombre , leur situation et leur usage.

Les pattes antérieures dans le mâle sont souvent allongées , pour faciliter son union avec la femelle.

Les pattes reçoivent dans certains auteurs le nom de pieds, *pedes*.

Ils sont nommés coureurs, *cursorii*, lorsqu'ils sont principalement disposés pour la course. La punaise.

Marcheurs , *gressorii* , lorsqu'ils sont tronqués antérieurement, et privés de tarses. Les papillons.

Fossoyeurs , *fossorii* , lorsque le tibia est court, comprimé et denté. Les scarabés, le taupe-grillon.

Sauteurs , *saltatorii* , lorsque les fémurs postérieurs sont grossis , comme dans les criquets , les sauterelles.

Nageurs , *natatorii*, lorsque les postérieurs ont leurs diverses parties comprimées, et ciliées avec leurs tarses mutiques. Les hydrophiles.

Ravisseurs, *raptatorii*, lorsque les fémurs antérieurs sont canaliculés , et les tibias en forme de faulx. La nèpe.

X X X I V.

Le fémur, ou la cuisse, première articulation de la patte , diffère par la figure , les bords et l'extrémité.

Le tibia, ou la jambe, seconde articulation de la patte, diffère par la figure, la superficie, les bords et l'extrémité.

Le tarse, dernier article de la patte dans presque tous les insectes, diffère quant au nombre de ses pièces ou articulations particulières, et quant à leurs bords, à leur figure et à leur extrémité.

Géoffroi a pris le caractère de ses ordres dans le nombre des articles du tarse.

XXXV.

Les aîles, attachées au corcelet, sont ou crustacées et vaginales, et portent le nom d'*élytres*; ou molles et membraneuses, et sont les aîles proprement dites.

Linné, ayant pris des aîles ses caractères classiques, a été suivi à cet égard par tous les entomologistes méthodiques, excepté Fabricius.

Jurine propose un nouveau caractère pour la classification des insectes, pris des nervures de l'aîle antérieure. Ce caractère, à coup sûr, ne sera pas plus solide que ceux tirés des parties de la bouche, et pourra paroître aussi minutieux.

XXXVI.

Les élytres sont des aîles supérieures, crustacées, recouvrant l'abdomen. Elles diffèrent par la proportion , la figure, la superficie, les sutures , les bords et le sommet.

Les aîles, proprement dites, sont membraneuses ou nerveuses , et diffèrent quant au nombre , à la proportion , à la figure , à la superficie, aux bords et au sommet.

Les nuances des aîles des papillons sont dues à de petites écailles colorées.

D'après la considération des aîles , les insectes sont :

Coléoptères. 2 aîles sous des élytres durs et coriacés.

Hémiptères. 2 aîles sous des élytres à demi-membraneux.

Lépidoptères. 4 aîles couvertes d'une poussière écailleuse.

Gymnoptères. Aîles nues ; c'est-à-dire, dénuées de poussière écailleuse.

Nevroptères. 4 aîles membraneuses égales et réticulées.

Hymenoptères. 4 aîles membraneuses veinées et inégales.

Orthoptères. 2 aîles pliées longitudinalement sous des élytres mous presque membraneux.

Tetraptères. 4 aîles.

Diptères. 2 aîles.

Aptères. Sans aîles.

Les ailes des *hymenoptères* sont au nombre de 4, deux grandes et deux petites. Dans le vol, elles s'unissent de chaque côté, à l'aide de petits crochets ; de sorte que les grandes entraînent les petites qui leur sont subordonnées. Il y a donc une véritable *didynamie* dans ces insectes.

On pourroit trouver aussi chez ces petits animaux :

La *monandrie*, dans le plus grand nombre.

La *diandrie*, dans le crabe et l'araignée.

La *polyandrie*, dans l'abeille, la guêpe.

La *monogynie*, dans presque tous.

La *digynie*, dans le crabe et l'écrevisse.

L'*agynie*, dans les femelles neutres des abeilles à miel et sans doute dans quelques autres genres.

La *monadelphie*, dans les larves de plusieurs *lépidoptères* : bien caractérisée dans les chenilles communes et processionnaires de Réaumur.

La *syngénesie*, quant aux yeux composés, comme les fleurs syngénèses.

L'*angyospermie* et la *gymnospermie*, considérées dans l'enveloppe ou la nudité des œufs.

La *monogamie* peut être chez les termites et les fourmis.

C 4

La *polygamie*. Plusieurs mâles pour une femelle ; et , *vice versâ* , dans plusieurs genres.

La *criptogamie* , dans tous les insectes qu'on n'a point encore vu s'accoupler ; et principalement dans les *entomostracés* de Muller.

Dans quelques espèces il peut même y avoir *agamie ;* c'est-à-dire, point d'accouplement : comme chez plusieurs poissons.

Ces rapprochemens ne sont d'aucune utilité pour la science; quelques-uns cependant peuvent nous offrir le moyen d'exprimer avec concision la manière d'être, particulière à certaines espèces.

X X X V I I.

Les balanciers, placés sous chaque aîle et à son origine, sont ou de petits globules pétiolés, *balanciers* proprement dits ; ou de légères écailles membraneuses et concaves, auxquelles on donne le nom de *ceuillerons*.

Ces parties ne s'observent que dans les *diptères*. On a pensé qu'elles pourroient être utiles au maintien de l'équilibre dans le vol de ces insectes ; mais rien ne paroît le prouver.

X X X V I I I.

Les peignes, au nombre de deux , situés à la

partie postérieure de la poitrine, espèces d'appendices dentés latéralement, diffèrent par le nombre de leurs dents.

Ces parties caractérisent éminemment le genre de scorpions qui seul en est muni. Le nombre de dents, n'étant pas le même dans les diverses espèces de ce genre, offre un excellent caractère pour les distinguer.

L'usage de ces parties est encore inconnu.

X X X I X.

La queue termine l'abdomen. Elle est sans valves, et diffère par la figure, la proportion, l'extrémité, et par le nombre de filets qui la composent.

Elle n'est pas toujours commune aux deux sexes. Son principal usage est de servir à la femelle à percer le bois, la terre, ou le corps des animaux, pour déposer ses œufs. Elle sert encore à diriger le vol de quelques insectes, à faciliter leur accouplement; et d'arme offensive ou défensive à quelques autres.

X L.

L'aiguillon termine aussi quelquefois l'abdomen, et sert aux mêmes usages que la queue. On le distingue de la queue, parce qu'il est bivalve, et qu'il renferme un filet piquant. Il diffère par la proportion, les bords et la figure.

X L I.

Si nous considérons les insectes sous le rapport du sexe, nous observerons dans ces animaux des individus mâles, des individus femelles, et des neutres.

Les poux de l'homme sont peut-être hermaphrodites; Swammerdam n'a trouvé que des ovaires dans tous ceux qu'il a dissequés.

Les organes de la génération, dans la plupart des insectes, sont placés à l'extrémité ou sommet de l'abdomen.

Dans le mâle de la libellule, on les observe à la base de cette partie du corps.

Dans les faucheurs mâle et femelle, au dessous de la bouche, suivant l'observation récente de Latreille.

Dans l'araignée mâle, ces organes sont doubles, et sont situés aux antenulles; dans l'araignée femelle, où ces organes sont simples, on les trouve à la base de l'abdomen. Il y a dans ce genre *diandrie-monogynie*.

Dans les écrevisses mâles, ces organes, doubles comme dans l'araignée mâle, sont placés à la base des cuisses postérieures.

Dans les écrevisses femelles, ils sont pareillement doubles, et résident à la base des cuisses intermédiaires.

On voit ici la *diandrie-digynie*, comme dans les crabes, où ces mêmes organes se rencontrent, sur les mâles et les femelles, à la base de l'abdomen.

X L I I.

Le mâle féconde et vivifie. Pressé par l'aiguillon de Vénus, il recherche sa femelle.

C'est principalement dans les *lépidoptères* et les *diptères*, où les mâles ne prennent aucun soin de leur postérité, qu'ils se montrent les plus ardens.

La *polyandrie* est rare, la *monogamie* plus rare encore parmi les insectes.

X L I I I.

La femelle conçoit, et seule donne des soins soutenus à la conservation de l'espèce.

La femelle est naturellement plus sédentaire que le mâle.

Parmi les insectes, plusieurs femelles sont dépourvues d'aîles, tandis que leurs mâles sont aîlés.

Dans le règne végétal, les fleurs mâles de la valinerie se détachent de leurs tiges submergées, s'élèvent à la surface des eaux, voguent en troupes, rencontrent les fleurs femelles fixées sur leurs péduncules , et les fécondent.

Les femelles des insectes sont presque toujours d'un volume plus considérable que les mâles. Cette règle reconnoît peu d'exceptions : celle que présente le genre des scarabés, est presque la seule.

Dans la *polyandrie*, la femelle occupe le premier rang. Elle est nourrie et servie par des eunuques. Elle sort rarement sans être accompagnée de nombreux satellites, et du cortége de ses lâches et paresseux maris.

La *polyandrie - monogynie* a lieu dans l'espèce de l'abeille à miel.

On a vu dans cette espèce l'image d'une république ; c'est plutôt une monarchie *gynécocratique* : la véritable république s'observe peut-être dans le genre de la guêpe, du termite et de la fourmi. Elle existe bien certainement parmi les chenilles , ou larves de plusieurs *lépidoptères* qui vivent en société.

Après la ponte , dans presque toutes les espèces , les femelles abandonnent leurs œufs.

XLIV.

Les individus neutres sont stériles. Ils sont destinés à pourvoir aux besoins des individus féconds de leur espèce, et à la conservation d'une postérité qui leur est étrangère.

Dans l'espèce de l'abeille à miel, leur principale occupation est de construire et de pourvoir les alvéoles, de défendre les mâles, de veiller à l'éducation des larves, et à la garde des chrysalides.

Ils cessent leurs travaux, à la mort de la femelle, lorsque tout espoir de postérité est détruit.

Leur vie n'étant point précieuse dans l'économie de la nature, ou du moins n'étant que d'une utilité secondaire pour la conservation de l'espèce, ils sont perpétuellement exposés aux dangers.

On a reconnu, dans l'espèce des abeilles à miel, les individus neutres pour des femelles stériles; et l'analogie rend vraisemblable, qu'il en est de même dans les genres du termés et de la fourmi.

X L V.

Le corps des insectes est composé de deux substances : l'une intérieure ou médullaire, l'autre extérieure ou corticale.

Le corps de tous les animaux est formé de ces deux substances. Le principe médul-

laire, fourni par la mère, donne naissance
au cerveau, à ses prolongations ; le principe cortical, émané du père, produit les
muscles et les parties solides du corps.

Cette doctrine nous est enseignée par de
célèbres physiologistes. Selon eux, les vices
héréditaires, les fécondations hybrides, l'a-
nalogie végétale et l'anatomie la confirment.
Voyez *Fabric., Philos. Ent., pag. 72;* et la
dissertation de Linné sur le sexe des plantes,
couronnée par l'Ac. Imp. de Pétersbourg.

X L V I.

Si toute génération consiste dans la combi-
naison du principe médullaire et du principe
cortical, ces deux principes, inertes par eux-
mêmes, opèrent dans leur réunion le phéno-
mène journalier de la génération continuée.

Le mâle et la femelle sont donc les seuls
individus nécessaires dans chaque espèce
d'insecte : les neutres ne s'y trouvent qu'ac-
cidentellement.

X L V I I.

On ne sauroit diviser les insectes en ovipares
et en vivipares, vu le petit nombre de ces
derniers.

La cochenille femelle, avant sa ponte, se fixe sur les rameaux des plantes, y dépose ses œufs, et meurt sans changer de situation, ni de figure. Les larves paroissent donc sortir vivantes du corps de leur mère, qui ne peut être alors regardé que comme le tégument extérieur des œufs.

On ne peut appeler cet insecte vivipare, puisque les œufs ont été réellement pondus.

Les monocles, couverts d'une enveloppe crustacée, gardent leurs œufs sous cette enveloppe, ou dans des appendices postérieures, jusqu'à ce qu'ils soient éclos.

Les cloportes ont les leurs renfermés, jusqu'à la même époque, dans un sac ou fossette membraneuse, placée sous la poitrine. Il est des mouches véritablement vivipares. Les pucerons sont vivipares au printemps, et ovipares en automne, selon l'observation de Réaumur.

D'après Rhedi, les scorpions sont vivipares ; le fait est-il certain ?

Une seule fécondation suffit aux pucerons pour quatre ou cinq générations successives. Exemple inoui, presque incroyable, et que la structure des parties et les lois de la génération semblent contredire.

XLVIII.

La femelle, après sa fécondation, n'est plus occupée qu'à deposer ses œufs dans un lieu où sa postérité puisse trouver la sûreté, le repos, et une nourriture qui lui soit appropriée.

Dans cet objet, il n'est pas desoin qu'elle ne se donne, et de travail qu'elle n'exécute.

Il en est qui contruisent des nids avec une intelligence admirable. Quelques-unes y dégorgent une bouillie qui doit servir de pâtée ; d'autres les remplissent de diverses substances destinées à nourrir leurs petits, et dont souvent elles-mêmes ne se nourrissent pas.

Les femelles de certains ichneumons, après de longues recherches, enfoncent leurs œufs au moyen de leur aiguillon dans le corps d'une larve étrangère à leur espéce. Cette larve, sans souffrir visiblement de ce dépôt, continue de vivre, se change en chrysalide; et, dans cet état, sert de nourriture aux descendans de sa mortelle ennemie.

Quelquefois les larves éclosent dans la larve même, et vivent de sa substance : elles ne détruisent d'abord que les parties de cette larve qui ne sont point essentielles à son

existence,

existence, qu'elles prolongent et qu'elles éco-
nomisent. Cette triste existence ne se termine que lorsque les jeunes larves peuvent
recourir à d'autres alimens , ou qu'elles
doivent subir leur première métamorphose.

XLIX.

Les insectes, comme tous les animaux à
sang froid , ne couvent jamais leurs œufs.

Tous leur soins pour eux se bornent ordinairement à ceux qui précèdent la ponte.
Voyez au paragraphe XIV , n.º 1 , les
exceptions que cette règle peut éprouver.

L.

La multiplication des insectes est immense.
Les plus petits sont les plus féconds, parce que
le nombre doit suppléer à la force.

L'éléphant procrée à peine chaque année
un seul individu.

Le chien peut en produire 8 ou 10.

La poule 30 à 40.

Le bombix du mûrier 3 à 400.

L'abeille à miel 30 à 40,000.

D'après le calcul de Réaumur, un essaim
peut être de 32,256 abeilles. Une ruche
donne quelquefois trois essaims dans un

an, et par conséquent fourniroit une population de 96,768 abeilles.

La teigne prolétaire peut donner naissance dans un an à plus de 200,000 individus.

Une phalène observée par Lyonet, peut produire à la troisième génération beaucoup au-delà d'un million d'individus.

Une autre phalène, selon Degeer, donne aussi à la troisième génération quatre millions d'individus ou davantage.

Il est des mouches vivipares qui portent à la fois jusqu'à 20,000 petits, et qui fournissent à la troisième génération une postérité de deux milliars d'individus.

Les nombreuses races des pucerons, des mittes, des poux, se succèdent avec une incroyable rapidité, et deviennent incalculables.

Le puceron, observé par Réaumur et Bonnet, produit à la cinquième génération 5,904,900,000 individus, et peut donner plus de vingt générations dans l'année.

Quelle inconcevable multiplication ! La terre entière ne pourroit contenir bientôt la progéniture de ces insectes, si la nature n'avoit pris soin d'en limiter les progrès.

La *polyspermie* est donc bien plus étendue dans les insectes que dans les plantes.

Cela doit être, parce que la faculté loco-
motive, l'état de guerre réciproque et per-
manent dans lequel ils vivent, leur organisation moins simple et plus délicate les
exposent à plus de dangers.

L I.

La saison de Vénus écoulée, les insectes périssent (VII) : les mâles, après l'acte de la
fécondation, les femelles après la ponte de
leurs œufs.

Peu d'insectes passent l'hiver, excepté
quelques-uns parmi les aquatiques. Dans
le nombre de ces derniers, l'écrevisse, le
crabe, le monocle dépouillent laborieuse-
ment chaque année leur dure enveloppe,
pour reparoître couverts d'une membrane
d'abord légère, et qui s'endurcit ensuite.
Seroit-ce un passage de l'état de larve à
celui de chrysalide, ou de l'état de chrysalide à celui de perfection ?

L'analogie engageroit à le penser.

L I I.

Les entomologistes n'étant point encore assez
éclairés sur l'ordre naturel des insectes, sont

obligés de les diviser en groupes isolés par des caractères arbitraires.

L I I I.

Quels que soient les noms imposés à ces groupes par les divers méthodistes, les divisions qu'ils présentent, peuvent toutes se rapporter aux classes, ordres, genres, espèces et variétés que l'usage a consacrés dans les autres parties de l'histoire naturelle.

L I V.

La classe se compose de tous les insectes qui se trouvent rassemblés par un caractère commun, exclusif dans la méthode.

L'ordre comprend les insectes qui joignent au caractère classique un autre caractère qui les distingue essentiellement dans la même classe.

Le genre réunit les insectes qui, avec les caractères classiques et ordinaux, offrent quelques autres caractères tirés des parties les plus essentielles, et d'après lesquels ils ne peuvent entrer dans les autres genres du même ordre.

L'espèce se forme des insectes rapprochés par les caractères précédens, et séparés par d'autres caractères qui établissent dans le même

genre, des groupes particuliers d'individus semblables.

Les différences accidentelles qui s'observent
entre les individus de la même espèce, cons-
tituent les variétés.

Les insectes sont donc divisés par les méthodes
en classes qui se subdivisent en ordres, genres,
espèces et variétés. Ainsi les variétés sont dans
l'espèce, l'espèce dans le genre, le genre dans
l'ordre, et l'ordre dans la classe.

D'après ces divisions fondées sur la ressem-
blance et la différence des insectes, il est indispensable d'étudier leurs caractères extérieurs.

Tel doit être le premier soin de celui qui a
pour objet d'acquérir des connoissances en
Entomologie.

L V.

L'Entomologie, inconnue des anciens naturalistes,

    Fut soupçonnée par ceux du 16.me siècle,

    Entrevue par Rai,

    Tirée du cahos par Linné,

    Facilitée par Géoffroi,

    Perfectionnée par Fabricius, Olivier,
Latreille.

Elle est aujourd'hui cultivée par beaucoup de
savans et d'amateurs distingués qui reculent

ses limites par leurs méthodes, leurs découvertes, et leurs observations.

L V I.

Le nombre des insectes connus s'accroît chaque jour par les recherches des entomologistes dans leur patrie, ou dans les voyages lointains.

Jonston, d'après Aldovrande et Mouffet, en rapporte à peine 1,100 ; Gmelin, dans la dernière édition de Linné, en décrit 11,000.

On n'épuisera jamais à cet égard l'immensité de la création.

Cependant le génie et l'ardeur des découvertes ne cesse d'agrandir le champ de la science. Olivier, après six ans de courses en Orient, vient de toucher sa terre natale ; Bosc-Dantic arrive de l'Amérique septentrionale : de combien d'espèces nouvelles ne vont-ils pas nous enrichir ? Ne doit-on pas compter aussi désormais sur le tribut annuel de l'Egypte devenue française ?

L V I I.

Si l'Entomologie procure la connoissance des insectes, elle donne aussi les moyens de transmettre cette connoissance et de la perpétuer.

Elle emploie, pour cet effet, les descriptions et les figures.

L V I I I.

La description est complète ou simplement caractéristique.

La description complète embrasse toutes les parties du corps de l'insecte : celles mêmes qui ne sont pas visibles à l'œil nu.

Elle doit spécifier le nombre, la figure, la situation, la proportion et la composition des parties.

Elle doit mentionner la couleur : quoique le plus souvent accidentelle, il est certains insectes dont elle forme le caractère distinctif.

Elle doit être claire et entière, par conséquent renfermée dans de justes limites.

Trop prolixe, elle peut manquer de clarté ; trop laconique, elle peut être incomplète.

Elle doit offrir la mesure proportionnelle et comparative des parties.

Elle doit rappeler, avec soin, tout ce qui peut constituer les variétés.

Si l'insecte décrit est connu, qu'on donne sa synonimie; s'il est encore inédit, qu'on lui assigne une place dans les systèmes ou les méthodes les plus accrédités.

Si les dimensions de l'insecte sont jugées nécessaires à déterminer, qu'on les exprime en décimètres et centimètres ; ou plutôt qu'on les rapporte à celles de quelqu'autre insecte, ou de quelqu'autre objet universellement connus.

En général, que la description ne contienne que le moins possible de comparaisons : toute comparaison est fausse sous quelque rapport , en même temps qu'elle est obscure pour les élèves.

On trouve des modèles de bonnes descriptions complètes dans Géoffroi, et dans l'Encyclopédie méthodique.

L I X.

La description caractéristique est nécessairement courte et précise.

Elle ne porte que sur le caractère essentiel qui distingue exclusivement l'espèce, ou sur l'ensemble des caractères qui peuvent conduire au même résultat.

Elle n'est donc que l'expression des ressemblances et des différences qui doivent réunir ou séparer les espèces.

On lui donne le nom de phrase descriptive ou de phrase spécifique.

On peut voir des modèles de ces phrases dans le système de la nature de Linné, et dans l'Encyclopédie méthodique.

L'une et l'autre de ces descriptions doivent être scrupuleusement énoncées dans les termes de l'art. Il est utile qu'elles soient suivies par le nom du lieu de l'habitation de l'insecte ; et la dernière, surtout, par l'indication d'une bonne figure.

L X.

La figure doit exprimer à l'œil tout ce que la description complète présente à l'esprit.

Elle doit rendre en détail les parties les plus essentielles, dont les plus petites doivent être dessinées à la loupe.

Elle doit être accompagnée d'une échelle pour donner la juste mesure du corps de l'insecte, quand il n'est pas représenté de grandeur naturelle.

Elle doit être coloriée, s'il est possible.

L'entomologiste devra donc posséder au moins les élémens de l'art du dessein.

Schœffer, l'Encyclopédie méthodique offrent de bonnes figures, ainsi que Géoffroi;

celles de Jonston, et en général celles des anciens, ne méritent pas d'être consultées.

L X I.

Par l'habitation des insectes on entend le lieu où ils se rencontrent le plus fréquemment.

Certains climats sont plus ou moins favorables à la multiplication de ces sortes d'animaux.

L'Amérique méridionale, humide et chaude, possède les plus grands de tous les insectes.

L'Afrique, aride et brûlante, offre un nombre plus considérable d'espèces carnivores.

Dans l'Europe tempérée, les insectes sont plus foibles et plus petits.

Dans le nord, leur nombre diminue.

Sur les glaces du pôle, il est réduit à zéro.

L X I I.

Muni d'une loupe, d'une pince, d'un crayon, d'un assortiment d'épingles de diverses grosseurs, d'une boîte doublée de liége, d'un filet de gaze pour les insectes aîlés, d'un autre filet de toile pour les aquatiques, l'entomologiste parcourt sans cesse les montagnes, les vallons et les plaines, en suivant le cercle des saisons.

Dans l'automne , il visite les rochers exposés au midi , les bords des bois réchauffés par le soleil.

Dans l'hiver, il porte ses recherches sous la mousse qu'il fouille , sous l'écorce des arbres qu'il soulève, sous les pierres qu'il retourne.

Dans le printemps, il fréquente les rivages sabloneux des rivières , les champs , les prairies, les bosquets, les jardins.

Dans l'été, il parcourt principalement les terres marécageuse , l'intérieur des forêts, et les défilés des montagnes.

L X I I I.

L'habitation des insectes est en général déterminée par la nourriture qui convient à chaque espèce , ou par les localités favorables à la ponte de leurs œufs.

On trouve dans la mer,

Les crabes, les écrevisses , les pagures, les hippes , les scyllares, les squilles , les aselles, les crevettes, la scolopendre phosphorique.

Dans les eaux douces , limpides et courantes,

L'écrevisse et l'aselle d'eau douce, la crevette des ruisseaux, les larves des éphémères.

Dans les eaux douces et stagnantes,

Les dytiques, les notonectes, les gyrins, les corises, les hydrophiles, les nèpes, les driops, certaines punaises, et les étonnantes tribus des entomostracés.

Dans les eaux bourbeuses des marais,

Les monocles, la crevette marécageuse, les larves des friganes, des cousins, des libellules.

Sur les plantes aquatiques,

Divers charansons, les libellules, des tipules, les donacies, la superbe araignée fasciée, la galéruque du nénuphar, quelques élophores.

Dans les prairies,

Les tipules, quelques araignées, des faucheurs, des phalènes, des ichneumons, des papillons, des sauterelles, les grillons, les criquets, les chrysomèles, les mantes.

Dans les champs labourés,

Les méloës, le mélyre âtre, les carabes, le grillon champêtre, les birrhes.

Dans les lieux arides et sabloneux,

Les cicindelles, les cimbex, le léthrus céphalote, le méloë lisse, des ichneumons,

les sphex, les scalaphes, la larve du myrméleon formicaire, le staphylin bourdon.

Dans les sables mobiles,

Le carabe arénaire, le sphex arénaire et
celui des sables, la manticore maxillaire, la
iule des sables, l'hélops glabre, les scarites.

Dans les forêts des montagnes,

Le grand urocère, le beau capricorne
des Alpes.

Dans la substance ligneuse des arbres,

Les larves de la nombreuse famille des
capricornes, les lymexylons, les anobies, les
larves des lucanes, des carabes, des sirex, et
quelques-unes du genre des bombix.

Sous l'écorce des arbres,

Les bostriches, les scolytes, les ips, quelques espèces d'escarbots, une espèce de
termite, et plusieurs coléoptères qui cherchent un abri contre les rigueurs des hivers.

Sur les feuilles ou les rameaux des arbres, des arbrisseaux et des herbes,

Les hannetons, les lucanes, les chrysomèles, la famille des capricornes, les atte-
labes, les mordelles, les nécydales, les cas-
sides, les mylabres, les charansons, les
lampyres, les galéruques, le lupère flavi-
pède, les macrocephales, les buprestes aux

réflets dorés, les gribouris, les cantharides, les apalès, les coccinelles, les cérocornes, les cigales, les fulgorés, les membracis, les larves d'un grand nombre de lépidoptères, les criquets, les grillons, les sauterelles, les criocères, les pucerons, les kermés, les cochenilles, les tenthrèdes et l'innocent bibion.

Sur les fleurs,

Les abeilles, les andrènes, les bembex, les nomades, les trips, quelques lagries, les cétoines, les élytres, les papillons, les sphinx, le clairon apivore, les chalcis au vol léger, les antribes, les thélesphores, les malachies, les mellyres, les chrysis, les cistèles, les anthrènes, les nitidules, quelques empis, les mouches, les syrphes, les bombiles bruyans et le charanson floricole.

Certains dermestes, des bruches, et des larves de quelques teignes détruisent les étamines, organes mâles de la fécondation des fleurs: l'andrène somniflore cherche et trouve les douceurs du sommeil au fond de leur corolle.

Dans les champignons,

Les diapères, les sphœridies, les nitidules.

On rencontre dans l'intérieur des édifices,

Les araignées, les scorpions, les scolo-

pendres, quelques espèces de punaises, des
faucheurs, des tipules, des mouches, des
cousins, des phalènes, des teignes, les puces,
certaines fourmis, les pinces, les mittes.

Sur les animaux domestiques,
Le taon, l'oéstre, l'hippobosque, le
stomoxe, l'asyle, les mittes, les poux.

Dans les endroits humides des maisons,
Les cloportes, les élaphres, les iules,
les lépismes, les érodies, les blaps.
Dans les cuisines,
Des fourmis, des termites, quelques
blattes lucifuges, les dermestes, quelques
mouches, et le grillon domestique qui as-
siège les foyers.

Dans les cloaques, parmi les immondices,
Les forficules, les trox, les ténébrions,
les podures, les pimélies, les hélops, les
iules, les scolopendres.

On recueille dans les déjections animales
La famille des scarabées, les larves des
staphylins et des mouches.

Dans les matières animales en putré-
faction,
Les dermestes, les nicrophores, les boucliers, les larves des mouches, des staphylins, la nitidule biponctuée.

Certaines espèces présentent des anomalies relativement au climat. Tel est le papillon apollon. Il ne se plait que dans les contrées septentrionales, et dans les hautes montagnes où l'on trouve la température au même degré.

Tel est encore le papillon mnemosyne, le polyxène, le lincée, qui n'habitent exclusivement que le nord de l'Europe, de l'Asie et de l'Amérique.

Quelquefois les hommes, même à leur insçu, transportent les insectes hors de leur climat. Le commerce et l'agriculture peuvent y contribuer. Il en est à cet égard comme de certaines plantes.

Le taupin noctiluque trouvé vivant dans un fauxbourg de Paris, et que Fougeroux a décrit tome XVI des mémoires de l'académie des sciences, s'étoit sans doute trouvé en état de larve ou de chrysalide dans quelque pièce de bois de teinture ou de marqueterie dont il avoit suivi l'exportation.

Le sphinx atropos, ou tête de mort, n'est devenu assez commun dans nos campagnes, que depuis qu'on y cultive la morelle tubéreuse ou la pomme de terre, originaire des pays étrangers.

Quelquefois les insectes sont déplacés par

les

les vents , et lancés dans les régions supérieures de l'athmosphère.

Tel étoit ce papillon que Ramond ren-
contra sur le pic du midi , à 2,934 mètres
d'élévation au-dessus du niveau de la mer;
et les autres papillons que cet intrépide na-
turaliste a trouvés depuis noyés dans le lac
du Mont-Perdu , la plus haute montagne
des Pyrénées.

Quelquefois les insectes sont transportés
au loin par des causes extraordinaires, dont
il est difficile de donner l'explication.

C'est ainsi que j'ai trouvé le *cimex fes-*
tivus de Linné, domicilié sur un écueil toujours battu par les vagues écumantes de
l'Océan. Cet écueil , situé loin de la côte, à
l'entrée du bassin d'Arcachon , est connu
sous le nom de *matoc*. Presque chaque jour,
submergé par les marées ordinaires , il est
entièrement recouvert par celles des équi-
noxes , et par les fréquentes tempêtes qui
viennent de l'Ouest.

Quoi qu'il en soit de ces exceptions , elles
sont rares ; et l'entomologiste ne doit pas
moins rechercher l'habitation naturelle des
insectes , pour étudier plus efficacement
leur multiplication , leurs mœurs et leur
métamorphose.

E

LXIV.

On appelle métamorphose dans les insectes le changement de forme qu'ils subissent depuis l'œuf fécondé dans lequel ils sont contenus, juqu'à l'état parfait dans lequel ils se reproduisent.

Ces métamorphoses s'observent dans tous les insectes, mais ne sont pas les mêmes pour tous. Certains changent totalement de figure, d'autres se dépouillent seulement de quelques minces tuniques pour passer à l'état d'insecte parfait.

Sortant de l'œuf, ils sont dans l'état de larve: ils passent ensuite à celui de chrysalide, après lequel ils atteignent celui de perfection.

Il faut donc connoître les insectes sous quatre états différens.

L X V.

Les métamorphoses des insectes bien observées, peuvent conduire à la connoissance des ordres naturels. Elles doivent donc être étudiées avec une constante et laborieuse assiduité.

L'insecte, dans ses diverses métamorphoses, est toujours le même, et ne fait que dépouiller successivement les enveloppes dont il est revêtu.

L X V I.

L'œuf contient sous ses membranes particulières l'embryon de l'insecte avec les substances qui doivent le nourrir et servir à son développement.

Les œufs diffèrent par la figure, par la situation, par la couleur, par la grosseur et par l'enveloppe.

Leur forme est ordinairement ovale-allongée.

Leur couleur est blanc-sale ou jaunâtre, souvent brune, quelquefois nuancée de bleu.

La femelle de l'hippobosque paroissant déroger à la loi commune, pond un œuf aussi gros qu'elle.

Mais l'œuf de l'hippobosque, qui contient un insecte aussi grand, aussi parfait que celui dont il émane, n'est point un véritable œuf.

C'est la peau du nouvel insecte qui, par exception à la règle générale, subit sa première transformation dans le corps de sa mère, et parvient au terme de sa croissance avant de paroître au jour.

L'hippobosque, d'après cette manière de multiplier, inobservée jusqu'ici dans les autres animaux, a reçu et mérité le nom de *nymphipare*.

Les œufs de tous les insectes n'éclosent pas dans le même intervalle de temps après la ponte.

S'il faut moins d'un jour à ceux de certaines mouches , il faut huit à dix mois ou davantage à ceux du bombix du mûrier.

LXVII.

La larve rompt la tunique de l'œuf, et montre l'insecte dans son enfance.

Molle , succulente, stérile, vorace , la larve nourrit l'insecte adulte caché dans son intérieur: on trouve par la dissection la chrysalide et le papillon dans la chenille.

La larve, en croissant, dépose successivement quatre enveloppes membraneuses. Ce sont ces changemens de peau qu'on nomme vulgairement dans le bombix du mûrier les mues de cet insecte.

Les différentes larves mettent plus ou moins de temps à se changer en chrysalides.

Dans les papillons , quelques-unes se transforment dès le huitième jour.

Dans les hannetons, les cétoines, les lucanes, il en est pour qui cette époque est retardée jusqu'à quatre , cinq et même six ans.

Chenille et ver sont synonimes de larve.

LXVIII.

La larve dépouille ses légères enveloppes , et devient chrysalide. Celle-ci contient l'insecte adolescent dans un état de végétation.

La chrysalide, moins succulente que la larve, ne croît point, est ordinairement stérile, et conserve l'insecte, le plus souvent dans l'inaction, jusqu'à la mâturité de l'âge.

Il est des chrysalides nues.

Il en est de renfermées dans des coques dures ou soyeuses.

Toutes ne produisent pas l'insecte parfait dans le même nombre de jours.

Huit ou dix suffisent à la mouche vivipare.

Il faut trois ans et davantage à quelques espèces de sphinx.

Le degré de chaleur et de froid atmosphérique accélère ou retarde ces diverses métamorphoses, ainsi que l'exclusion des œufs.

L'hiver, en arrêtant la végétation, semble aussi suspendre la vie des insectes.

Nymphe, féve, aurélie, sont synonymes de chrysalide.

Le ver, dans sa transformation, reçoit le nom de nymphe, et la chenille celui de chrysalide.

Féve et aurélie ne sont plus usités.

L X I X.

L'insecte se dégage des tégumens endurcis de la chrysalide, parvient à l'état de perfection, et multiplie son espèce.

Quelques insectes, dans ce dernier état, sont privés des organes nécessaires pour prendre la nourriture, et n'usent d'aucun aliment.

Quelle différence ne présentent-ils pas dans la durée de leur vie respective!

L'éphémère commune termine naturellement sa carrière au bout de deux ou trois heures.

Le crabe et l'écrevisse la prolongent peut-être au-delà de dix à douze ans.

L X X.

La métamorphose est *nulle*, quand la larve et la chrysalide, quoique voraces et dépouillant leurs enveloppes, se montrent néanmoins semblables à l'insecte parfait, s'accouplent et se multiplient.

Cette métamorphose a lieu dans le genre nombreux du crabe, de l'écrevisse et de l'araignée.

La métamorphose est *semi - complète*, lorsque la larve est *hexapode*, agile, *aptère* ; la chrysalide agile aussi, avec des rudimens d'ailes, et l'insecte parfait ailé.

Cette métamorphose s'effectue dans le genre de la libellule et ceux du criquet, de la sauterelle, de la punaise, dont les chrysalides sont susceptibles de se multiplier.

On propose, avec raison, d'appeler les

nymphes de ces genres d'insectes , semi-nymphes ou demi-nymphes.

La métamorphose est *complète* lorsque la larve est *aptère*, *hexapode* ou *polypode*, molle, aveugle, et *tardigrade* ; que la chrysalide, revêtue d'une enveloppe plus ou moins dure , persiste dans l'état de repos , et que l'insecte parfait est pourvu d'aîles.

Cette métamorphose s'observe dans le scarabé , la mouche , la fourmi , l'abeille et le papillon.

Les insectes qui subissent différentes métamorphoses , n'entrent jamais dans le même genre, et rarement dans la même classe.

LXXI.

Les larves et les chrysalides qui n'éprouvent point de métamorphoses, sont difficiles à distinguer des insectes parfaits de leur propre espèce, et donnent souvent lieu de surcharger certains genres d'espèces nouvelles qui n'existent point.

Plusieurs araignées décrites comme espèces, ne sont peut-être que des larves ou des chrysalides d'autres araignées.

LXXII.

Les larves, et sur-tout la plupart des chrysalides comprises dans la métamorphose *semi-complète*, s'offrent aussi quelquefois sous l'aspect d'insectes parfaits.

Ces chrysalides ne peuvent être rapportées qu'à leur propre espèce, comme celles des criquets, des sauterelles, et des punaises.

Les larves peuvent être attribuées à des espèces différentes, comme celles des myrméléons.

LXXIII.

Les larves qui subissent la métamorphose *complète*, se divisent en deux sortes : les unes sont des vers, les autres des chenilles.

Les vers se changent en nymphes molles et succulentes; les chenilles en chrysalides dures et sèches.

Les premières deviennent des *coléoptères*, des *hymenoptères*, des *diptères*; les secondes se transforment en *lépidoptères* revêtus des plus vives couleurs.

LXXIV.

Dans la larve, l'individu se nourrit depuis l'enfance jusqu'à l'adolescence.

Dans la chrysalide, il se conserve, se fortifie, et parvient à l'état adulté.

Dans l'état adulte ou parfait, il cesse de

croître , multiplie son espèce , et tombe sous le bec des oiseaux dont il devient principalement la pâture.

L X X V.

Ainsi l'insecte aîlé décrit le cercle le plus excentrique et le plus varié de la nature vivante et sensible.

Créé au milieu de l'eau , dans la terre ou sur les végétaux , il nage d'abord ou rampe à leur surface.

Reçoit des aîles, s'élève dans l'air, y termine son existence.

Incorporée alors à celle des oiseaux, sa substance retombe, avec les dépouilles de ces derniers, dans le grand réservoir de la matière , y subit des combinaisons nouvelles , et rentre dans le torrent de la circulation des êtres.

MÉTHODE

ENTOMOLOGIQUE

DE GÉOFFROI.

On ne sera pas surpris de trouver ici les six
sections de Géoffroi portées au nombre de huit
par la séparation des *orthoptères* d'avec les *coléoptères*, et par la division des *gymnoptères* en
névroptères et en *hymenoptères* : l'état actuel de
la science rendoit ces nouvelles dispositions in-
dispensables. J'ai aussi substitué par-tout les
mots *élytres* et *abdomen* à ceux d'*étuis* et de
ventre employés par Géoffroi. Quant aux dé-
nominations de *mouche à scie*, de *mouche-
scorpion*, de *cerf volant*, et autres justement
réformées, je me suis contenté d'ajouter au-
dessous, entre deux parenthèses, les noms géné-
riques maintenant adoptés : tels sont les seuls
changemens que j'ai cru devoir me permettre
dans cette méthode encore aujourd'hui très-
suivie, et d'un usage extrêmement facile pour
les commençans.

MÉTHODE

DANS laquelle Géoffroi a classé les insectes des environs de Paris. (*)

Cette Méthode comprend huit Sections.

Caractères de ces Sections.

1... DEUX aîles pliées transversalement sous des élytres durs et coriaces. Bouche armée de mandibules et de mâchoires. *Coléoptères.*

2... Deux aîles pliées longitudinalement sous des élytres mous presque membraneux.

(*) Histoire abrégée des insectes, par M. Géoffroi, 2 vol. *in-4.º*, Paris, 1762. Cet ouvrage, qui n'étoit plus dans le commerce, vient d'être réimprimé avec des planches enluminées, et se trouve chez *Vallard* et *Remond*, Quai des Augustins.

Bouche munie de mandibules et de mâchoires. *Orthoptères.*

3... Ailes supérieures, presque semblables à des élytres, ou moitié membraneuses et moitié coriacées. Trompe aiguë, repliée en-dessous le long du corps. *Hémiptères.*

4... Quatre ailes chargées de poussière écailleuse. Trompe roulée en spirale. *Lépidoptères.*

5... Quatre ailes nues, membraneuses, réticulées, presque toujours égales. Bouche munie de mandibules et de mâchoires. *Névroptères.*

6... Quatre ailes nues, membraneuses, veinées, inégales. Bouche pourvue de mandibules, et d'une trompe souvent très - courte ou imperceptible. *Hyménoptères.*

7... Deux ailes membraneuses, veinées. Un petit balancier sous l'origine de chaque aile. Trompe droite ou coudée, et rétractible. *Diptères.*

8... Point d'ailes (dans les deux sexes.) *Aptères.*

SECTION PREMIÈRE,

(Composée du 1.er et du 2.me article de la 1.re Section de Géoffroi.)

DEUX ailes pliées transversalement sous des élytres dures et coriaces. Bouche armée de mandibules et de mâchoires.

Cette section se divise en deux articles sous - divisés chacun en quatre ordres.

ARTICLE PREMIER.

Insectes à élytres dures qui couvrent tout l'abdomen.

ORDRE PREMIER.

Insectes qui ont cinq articles à toutes les Pattes.

Genres.	Caractères génériques.
1. LE CERF VOLANT... (LE LUCANE.) *Platycerus.* Tom. 1. p. 59.	Antennes pectinées à l'extrémité d'un seul côté. *Deux familles.* 1.º A antennes coudées. 2.º A antennes entières.
2. LA PANACHE......... *Ptilinus.* T. 1 p. 64.	Antennes en peigne, ou pectinées tout du long d'un seul côté.
3. LE SCARABÉ........ *Scarabæus.* Tom. 1 p. 66.	Antennes en masse, en feuillets, écusson entre les élytres. *Deux familles.* 1.º Sept feuillets aux antennes. 2.º Trois feuillets aux antennes.

4. LE BOUSIER........ Antennes en masse en feuillets. Point
  Copris. T. 1. p. 87.   d'écusson entre les élytres.

5. L'ESCARBOT........ Antennes en masse solide, coudées dans
  Attelabus.   leur milieu , tête enfoncée sous le
  Tom. 1. p. 93.   corcelet.

6. LE DERMESTE.... Antennes en masse perfoliée, (ou com-
  Dermestes.   posées de lames , enfilées dans leur
  Tom. 1. p. 96.   milieu), et dont le dernier article
                  forme un bouton. Élytres sans rebords.

7. LA VRILLETE.... Antennes presque en masse , dont les
  Byrrhus.   trois derniers articles sont beaucoup
  Tom. 1. p. 108.   plus longs que les autres.

8. L'ANTHRÈNE........ Antennes droites , en masse solide un
  Anthrenus.   peu aplatie.
  Tom. 1. p. 113.

9. LA CISTELE...... Antennes plus grosses et un peu per-
  Cistela.   foliées par le bout. Corcelet conique
  Tom. 1. p. 115.   et sans rebord.

10. LE BOUCLIER...... Antennes plus grosses, et un peu per-
  Peltis.   foliées par le bout. Corcelet et élytres
  Tom. 1. p. 117.   bordés.

11. LE RICHARD..... Antennes courtes en scie. Corcelet uni
  Cucujus.   et simple en-dessous.
  Tom. 1. p. 123.

12. LE TAUPIN........ Antennes en scie ou en filets , qui se
  Elater.   logent dans une rainure formée en-
  Tom. 1. p. 129.   dessous de la tête.

                  Corcelet terminé en - dessous par une
                  pointe reçue dans une cavité de l'ab-
                  domen.

Antennes

13. LE BUPRESTE..... Antennes filiformes , appendice consi-
Buprestis. dérable à la base des cuisses posté-
Tom. 1. p. 137. rieures.

Trois familles.

1.º A corcelet en cœur plus large que la tête . plus étroit que les élytres.

2.º A corcelet plus étroit que la tête et les élytres.

3.º A corcelet plus large que la tête, et de la largeur des élytres.

14. LA BRUCHE........ Antennes filiformes , corcelet arrondi
Bruchus. en bosse. Corps sphéroïde , convexe
Tom. 1. p. 163. en - dessus.

15. LE VER LUISANT. Antennes filiformes. Tête cachée par
(LAMPYRE.) un large rebord du corcelet. Côtés
Lampyris. de l'abdomen plissés en papilles.
Tom. 1. p. 165.

16. LA CICINDELLE.. Antennes filiformes , corcelet aplati et
Cicindela. bordé. Tête découverte, élytres flexi-
Tom. 1. p. 169. bles.

17. L'OMALISE......... Antennes filiformes, corcelet aplati , à
Omalisus. quatre angles, dont les deux posté-
Tom. 1. p. 179. rieurs finissent en pointes aiguës.

18. L'HYDROPHILE... Antennes en masse perfoliées, plus cour-
Hidrophylus. tes que les antennules. Pattes en na-
Tom. 1. p. 180. geoires.

19. LE DITIQUE...... Antennes filiformes , plus longues que
Dyticus. la tête. Pattes en nageoires.
Tom. 1. p. 185.

F

20. Le Tourniquet. ...... Antennes roides et plus courtes que
　　(Le Gyrin.)　　　　　la tête. Pattes en nageoires. Quatre
　　Gyrinus.
　　Tom. 1. p. 193.　　　　yeux.

. O R D R E   S E C O N D .

Quatre articles à toutes les pattes.

21. La Mélolonthe. ... Antennes en scie , posées devant les
　　(Le Harneton.)　　　yeux.
　　Melolontha.
　　Tom. 1. p. 195.

22. Le Prione........ Antennes en scie , dont l'œil entoure
　　Prionus.　　　　　　la base.
　　Tom. 1. p. 198.

23. Le Capricorne,. Antennes qui vont en diminuant de la
　　Cerambix.　　　　　base au sommet, et dont l'œil entoure
　　Tom. 1. p. 199.　　la base. Corcelet armé de pointes.

24. La Lepture..... Antennes qui vont en diminuant de la
　　Leptura.　　　　　base au sommet, et dont l'œil entoure
　　Tom. 1. p. 207.　　la base. Corcelet nud et sans pointes.
　　　　　　　　　　　　　Trois familles.
　　　　　　　　　1.º A corcelet cylindrique.
　　　　　　　　　2.º A corcelet globuleux.
　　　　　　　　　3.º A corcelet inégal et raboteux.

25. Le Sténocore... Antennes qui vont en diminuant de la
　　Stenocorus.　　　　base au sommet, posées devant les
　　Tom. 1. p. 221.　　yeux. Élytres plus étroits par le bout.
　　　　　　　　　　　　　Deux familles.
　　　　　　　　　1.º A corcelet armé d'une pointe ou
　　　　　　　　　　　d'un tubercule latéral.
　　　　　　　　　2.º A corcelet nud.

26. Le Lupère........ Antennes filiformes à longs articles. Cor-
　　Luperus.　　　　　celet plat et bordé.
　　Tom. 1. p. 230.

27. Le Gribouri..... Antennes filiformes à longs articles.
Cryptocephalus.
Tom. 1. p. 231. Corcelet hémisphérique et en bosse.

28. Le Criocère..... Antennes cylindriques à articles globu-
Crioceris.
Tom. 1. p. 237. leux. Corcelet cylindrique.

29. L'Altise........... Antennes d'égale grosseur tout du long.
Altica.
Tom. 1. p. 244. Cuisses postérieures grosses, presque
sphériques.

30. La Galéruque.. Antennes d'égale grosseur partout, à
Galeruca.
Tom. 1. p. 251. articles presque globuleux. Corcelet
raboteux et bordé.

31. La Chrysomèle. Antennes plus grosses vers le bout, à
Chrysomela.
Tom. 1. p. 255. articles globuleux.

32. Le Mylabre..... Antennes plus grosses vers le bout, à
Mylabris.
Tom. 1. p. 266. articles hémisphériques, posées sur
une trompe courte et large. Quatre
antennules à l'extrémité de la trompe.

33. Le Becmare..... Antennes en masse, toutes droites,
Rhinomacer.
Tom. 1. p. 269. posées sur une longue trompe.

34. Le Charanson.. Antennes en masse, coudées dans leur
Curuclio.
Tom. 1. p. 274. milieu, et posées sur une longue
trompe.

     Deux familles.
    1.º A cuisses simples.
    2.º A cuisses dentelées.

35. Le Bostriche.... Antennes en masse composée de trois
Bostrichus.
Tom. 1 p. 301. articles, posées sur la tête. Point de
trompe. Corcelet cubique, dans lequel
est cachée la tête. Tarses nuds et
épineux.

         F 2

Observation. Les tarses sont dits nuds, parce qu'ils sont dénués des petites éponges ou pelottes qui s'observent dans les deux genres suivans.

36. Le Clairon...... Antennes en masse composée de trois
Clerus.
Tom. 1. p. 3o3. articles, posées sur la tête. Point de trompe. Corcelet presque cylindrique, sans rebords. Tarses garnis de pelottes.

37. l'Antribe........ Antennes en masse composée de trois
Anthribus.
Tom. 1. p. 3o6. articles, posées sur la tête. Point de trompe. Corcelet large et bordé. Tarses garnis de pelottes.

38. Le Scolyte...... Antennes en masse solide, d'une seule
Scolythus.
Tom. 1. p. 3o9. pièce. Tête sans trompe.

39. La Casside....... Antennes plus grosses vers le bout, et
Cassida.
Tom. 1. p. 31o. à gros articles. Corcelet et élytres bor-
dés. Tête cachée sous le corcelet.

40. l'Anaspe.......... Antennes filiformes, qui vont en gros-
Anapsis.
Tom. 1. p. 315. sissant vers le bout. Écusson imper-
ceptible. Corcelet plat, uni, et sans rebords.

ORDRE TROISIÈME.

Trois articles à toutes les pattes.

41. La Coccinelle.. Antennes à gros articles, plus grosses
Coccinella.
Tom. 1. p. 3.8. vers le bout, et plus courtes que les antennules. Corps hémisphérique.

42. La Tritome..... Antennes plus grosses vers le bout, et
Tritoma.
Tom. 1. p. 335. beaucoup plus longues que les anten-
nules. Corps allongé.

Ordre Quatrième.

Cinq articles aux deux premières paires de pattes, et quatre seulement à la dernière.

43. La Diapère...... Antennes en forme d'ifs taillés aux
   Diaperis. ciseaux, comme ceux qu'on voyoit
   Tom. 1. p. 337. autrefois dans les jardins, à articles
   semblables à des lentilles enfilées par
   leur centre. Corcelet convexe et bordé.

44. La Cardinale.. Antennes en peigne d'un côté, corcelet
   Pyrochroa. raboteux et non bordé.
   Tom. 1. p. 338.

45. La Cantharide. Antennes filiformes, corcelet raboteux
   Cantharis. et non bordé.
   Tom. 1. p. 339.

   Deux familles.
   1.º A tarses nuds.
   2.º A tarses garnis de pelottes.

46. Le Ténébrion... Antennes filiformes, corcelet uni et
   Tenebrio. bordé.
   Tom. 1. p. 345.

   Deux familles.
   1.º Antennes à articles globuleux,
   un peu plus grosses vers le bout.
   2.º Antennes à articles longs, égales
   par-tout

47. La Mordelle... Antennes un peu en scie, articles trian-
   Mordella. gulaires, corcelet convexe plus étroit
   Tom. 1. p. 353. en-devant.

48. La Cucule....... Antennes filiformes, corcelet armé d'un
   Notoxus. appendice qui revient en-devant en
   Tom. 1. p. 356. forme de coqueluchon.

49. LA CÉROCOME.... Antennes dont le dernier article, plus
Cerocoma.
Tom. 1. p. 357.   gros, forme la masse (pliées et pecti-
nées dans leur milieu, dans les mâles).

ARTICLE SECOND.

Élytres durs, qui ne couvrent qu'une partie de l'abdomen.

ORDRE PREMIER.

Cinq articles à toutes les pattes.

50. STAPHILIN......... Antennes filiformes. Aîles cachées sous
Staphylinus.
Tom. 1. p. 359.   les élytres. Extrémité de l'abdomen
nue et sans défense.

ORDRE SECOND.

Quatre articles à toutes les pattes.

51. LA NÉCYDALE.... Antennes filiformes. Aîles nues.
Necydalis.
Tom. 1 p. 372.   *Observation.* Les aîles sont dites nues ;
parce qu'elles ne sont point cachées sous
les élytres.

ORDRE TROISIÈME.

Trois articles à toutes les pattes.

52. LE PERCE-OREILLE Antennes filiformes. Aîles cachées sous
(FORFICULE.)
Forficula.   les élytres. Extrémité de l'abdomen
Tom. 1. p. 374.   armée de pinces.

ORDRE QUATRIÈME.

*Cinq articles aux deux premières paires de pattes, et
quatre seulement à la dernière.*

53. LE PROSCARABÉ.. Antennes grosses an milieu, qui vont
(MÉLOÉ.)
Meloe.   en diminuant vers la base et vers le
Tom. 1. p. 377.   sommet. Point d'aîles.

SECTION SECONDE.

(Article 3.me de la 1.re Section de Géoffroi).

DEUX ailes pliées longitudinalement sous des étuis mous, presque membraneux. Bouche munie de mandibules et de mâchoires.

Cette section se divise en cinq ordres.

ORDRE PREMIER.

Cinq articles aux deux premières paires de pattes, et quatre seulement à la dernière.

54. LA BLATTE........ Antennes filiformes. Deux longues vési-
   Blatta.   cules posées aux deux côtés de l'anus,
  Tom. 1. p. 379.   et ridées transversalement.

ORDRE SECOND.

Deux articles à toutes les pattes.

55. LE TRIPS.......... Antennes filiformes. Bouche formée par
   Thryps.   une simple fente longitudinale. Tarses
  Tom. 1. p. 383.   garnis de vésicules.

ORDRE TROISIÈME.

Trois articles à toutes les pattes.

56. LE GRILLON...... Antennes filiformes. Deux filets à la
   Gryllus.   queue. Trois petits yeux lisses.
  Tom. 1. p. 386.

57. LE CRIQUET....... Antennes filiformes, plus courtes de
   Acrydium   moitié que le corps. Trois petits yeux
  Tom. 1. p. 390.   lisses.

ORDRE QUATRIÈME.

Quatre articles à toutes les pattes.

58. LA SAUTERELLE. Antennes filiformes, plus longues que
Locusta.
Tom. 1. p. 396.   le corps. Trois petits yeux lisses.

ORDRE CINQUIÈME.

Cinq articles à toutes les pattes.

59. LA MANTE........ Antennes filiformes.
Mantis.
Tom. 1. p. 399.

Observation. Ce caractère, qui peut être suffisant pour distinguer les mantes des environs de Paris, ne s'étend point à tout le genre. Le mâle de la mante pectinicorne a les antennes pectinées. Cette belle espèce, indiquée par l'Enc. méth., Gmelin, etc., aux Indes Occidentales, se trouve aux environs d'Agen, où je l'ai rencontrée plusieurs fois.

SECTION TROISIÈME.

(Seconde de Géoffroi.)

AÎLES supérieures, semblables à des élytres, ou moitié membraneuses et moitié coriacées. Trompe aiguë, repliée en-dessous.

L'auteur n'ayant point divisé cette section en articles et en ordres, elle offre seulement la série des genres ci-après.

60. LA CIGALE........ Trois articles aux tarses. Antennes plus
Cicada.
Tom. 1. p. 412.   courtes que la tête. Deux petits yeux lisses. Trompe courbée en - dessous. Quatre aîles ; celles de dessous croisées.

61. LA PUNAISE....... Trois articles aux tarses. Antennes plus
Cimex.
Tom. 1. p. 430.   longues que la tête, composées de quatre ou cinq articulations. Trompe courbée en-dessous. Quatre aîles, celles de dessus en partie écailleuses, et en partie membraneuses.

Deux familles.

1.º Quatre articles aux antennes.

2.º Cinq articles aux antennes.

62. Le Naucore..... *Naucoris.* Tom. 1. p. 473. — Deux articles aux tarses. Antennes très-courtes, situées au-dessous des yeux. Trompe courbée en-dessous. Quatre aîles croisées. Six pattes, les premières en forme de pinces d'écrevisses. Écusson.

63. La Punaise à avirons............... (Notonecte.) *Notonecta.* Tom. 1. p. 475. — Deux articles aux tarses. Antennes très-courtes, situées au-dessous des yeux. Trompe courbée en-dessous. Quatre aîles croisées. Six pattes en forme de nageoires. Écusson.

64. La Corise......... *Corixa.* Tom. 1. p. 477. — Un seul article aux tarses. Antennes très-courtes, situées au-dessous des yeux. Trompe courbée en-dessous. Quatre aîles croisées. Six pattes; les deux premières en forme de pinces, les quatre dernières en nageoires. Point d'écusson.

65. Le Scorpion aquatique..... (La Nèpe.) *Hepa.* Tom. 1. p. 479. — Un seul article aux tarses. Antennes en forme de pinces de crabes. Trompe courbée en-dessous. Quatre aîles croisées. Quatre pattes.

Observation. Géoffroi prend ici pour des antennes les deux pattes antérieures chéliformes, et ne compte que les quatre postérieures; la nèpe est réellement *hexapode*, et a les antennes très-courtes.

66. La Psylle.......... Deux articles aux tarses. Trompe nais-
Psylla.
Tom. 1. p. 482.   sant du corcelet entre la première et
la seconde paires de pattes. Quatre
aîles posées latéralement, et formant
le toit. Pattes propres à sauter. Abdomen terminé en pointe. Trois petits
yeux lisses.

67. Le Puceron......... Un seul article aux tarses. Trompe cour-
Aphis.
Tom. 1. p. 489.   bée en-dessous. Quatre aîles droites,
élevées, ou manquant tout - à - fait.
Pattes propres à marcher. Sommet de
l'abdomen garni de deux pointes ou
tubercules.

68. Le Kermés......... Trompe sortant du corcelet entre la pre-
Chermes.
Tom. 1. p. 498.   mière et la seconde paire de pattes.
Deux aîles droites, élevées; mais dans
les mâles seulement. Sommet de l'abdomen garni de filets. Femelle qui
prend la figure d'une graine ou d'une
gousse.

69. La Cochenille.. Trompe sortant du corcelet entre la
Coccus.
Tom. 1. p. 318.   première paire de pattes et la seconde.
Deux aîles droites, élevées dans les
mâle s seulement. Extrémité ou som-
met de l'abdomen garni de filets.
Femelle qui conserve la figure d'in-
secte.

SECTION QUATRIÈME.

(Troisième de Géoffroi.)

QUATRE aîles chargées de poussière écailleuse. Trompe roulée en spirale.

Cette section, comme la précédente, n'offre encore qu'une suite de genres. Ils sont divisés en familles, et sous-divisés en paragraphes.

70. LE PAPILLON...... Antennes en masse. Chrysalide nue.
Papilio.
Tom. 2. p. 26.

Première famille.

Quatre pattes.

Pattes antérieures sans onglets, faisant souvent une espèce de palatine.

Trois paragraphes.

1.º Chenilles épineuses, aîles angu-
leuses.

2.º Chenilles épineuses, aîles arrondies.

3.º Chenilles sans épines, et pattes antérieures courtes, qui ne font point la palatine.

Seconde famille.

Six pattes.

Toutes sans onglets. Chrysalide hori-
zontale, suspendue par un fil dans son milieu.

Cinq paragraphes.

1.º Les grands porte-queue.

2.º —— petits   ——————— ————.

3.º —— argus.

4.º —— estropiés.

5.º —— papillons du chou ou bras-
sicaires.

71. Le Sphinx........ Antennes prismatiques. Chrysalide dans
Sphinx.
Tom. 2. p. 76.　　une coque.

Trois familles.

1.º Sphinx bourdons. Antennes prismatiques presque égales par-tout.
Point de trompe.

2.º Sphinx éperviers. Antennes prismatiques presque égales par-tout.
Trompe en spirale. Chenille nue
portant une corne sur la queue.

3.º Sphinx béliers. Antennes prismatiques plus grosses au milieu.
Trompe en spirale. Chenille ve-
lue, sans corne.

72. Le Ptérophore.. Antennes filiformes. Trompe en spirale.
Pterophorus.
Tom. 2. p. 90.　　Aîles composées de plusieurs branches
barbues. Chrysalide nue et horizon-
tale.

73. La Phalène..... Antennes qui vont en décroissant de la
Phalœna.
Tom. 2. p. 93.　　base à la pointe. Chrysalide dans une
coque. Chenille nue.

Deux familles.

1.º Antennes pectinées.

Trois paragraphes.

1.º Sans trompe.

2.º Avec une trompe, ailes rabattues.

3.º Avec une trompe, ailes étendues.

2.º Famille. Antennes filiformes.

Trois paragraphes.

1.º Avec une trompe et les ailes étendues.

2.º Avec une trompe et les ailes rabattues.

3.º Sans trompe.

74. LA TEIGNE .... Antennes filiformes, décroissant de la
Tinea.
Tom. 2. p. 173.   base à la pointe. Toupet de la tête
élevé et avancé. Chenille cachée dans
un fourreau. Chrysalide dans le fourreau de la chenille.

SECTION CINQUIÈME.

(*Quatrième de Géoffroi*).

QUATRE ailes nues, membraneuses, réticulées, presque
toujours égales. Bouche munie de mandibules et de
mâchoires.

Cette section est divisée en trois articles.

ARTICLE PREMIER.

Trois articles aux tarses.

75. La Demoiselle.. Antennes très-courtes. Bouche armée de
(Libellule.) mâchoires. Queue armée de pinces
Libellula. dans les mâles. Trois petits yeux lisses
Tom. 2. p. 217. entre les yeux, ou au-devant.

Deux familles.
1.º A aîles relevées.
2.º A ——— étendues.

76. La Perle......... Antennes filiformes. Aîles égales, cou-
Perla. chées et croisées sur le corps. Bouche
Tom. 2. p. 229. accompagnée de 4 barbillons. Queue
terminée par deux soies. Trois petits
yeux lisses.

ARTICLE SECOND.

Quatre pièces aux tarses.

77. La Raphidie..... Antennes filiformes, aîles couchées sur
Raphidia. le corps. Bouche à quatre barbillons.
Tom. 2. p. 233. Queue simple et nue. Trois petits
yeux lisses.

ARTICLE TROISIÈME.

Cinq pièces aux tarses.

78. L'Éphémère...... Antennes très-coürtes. Aîles inférieures,
Ephemera. beaucoup plus courtes que les supé-
Tom. 2. p. 234. rieures. Queue terminée par plusieurs
soies. Trois yeux lisses et grands de-
vant les yeux.

79. La Frigane...... Antennes filiformes. Aîles embriquées
Phryganea.
Tom. 2. p. 241.
et relevées à l'extrémité. Bouche à 4
barbillons. Queue simple et nue. Trois
petits yeux lisses.

80. l'Hémérobe...... Antennes filiformes. Aîles souvent égales.
Hemerobius.
Tom. 2. p. 251.
Bouche proéminente avec quatre bar-
billons. Queue simple et nue. Point de
petits yeux lisses.

81. Le Fourmillion. Antennes grosses, courtes et en masse.
(Myrméleon.)
Formicaleo.
Tom. 2. p. 256.
Aîles égales. Bouche proéminente avec
quatre barbillons. Queue simple et
nue. Point de petits yeux lisses.

82. La Mouche
scorpion..... Antennes longues, filiformes. Aîles éga-
(Panorpe.)
Panorpa.
Tom. 2. p. 260.
les. Trompe dure et cylindrique. Queue
en pince de crabe. Trois petits yeux
lisses.

SECTION SIXIÈME.

(Suite du 3.me article de la section 5.me de Géoffroi.)

Quatre aîles nues, membraneuses, veinées, inégales.
Bouche pourvue de mandibules, et d'une trompe souvent
très - courte ou imperceptible.

Observation. En séparant les hyménoptères des névroptères, j'aurois pu les diviser, avec Olivier, par la considération de la trompe apparente ou imperceptible. Mais
Géoffroi n'ayant décrit qu'un petit nombre de genres,
cette division, qui d'ailleurs s'éloignoit beaucoup des principes de la méthode, auroit eu l'inconvénient de présenter
des coupes trop inégales : des dix genres compris dans cette

section, on en auroit trouvé 8 dans une division, et seulement deux dans l'autre.

Cette section restera donc composée d'un seul article.

Cinq articles aux tarses.

83. LE FRELON.........
Crabro.
Tom. 2. p. 261.
Antennes en masse. Aîles inférieures plus courtes. Bouche armée de mâchoires. Aiguillon de l'abdomen dentelé. Abdomen de même grosseur par-tout, et intimement joint au corcelet. Trois petits yeux lisses.

84. L'UROCÈRE.........
Urocerus.
Tom. 2. p. 264.
Antennes filiformes. Aîles inférieures plus courtes. Bouche armée de mâchoires. Aiguillon dentelé, proéminent, couvert d'une goutière. Abdomen de même grosseur partout, intimement joint au corcelet. Trois petits yeux lisses.

85. LA MOUCHE À SCIE.
(TENTHRÈDE.)
Tenthredo.
Tom. 2. p. 266.
Idem. Aiguillon sans goutière, et caché dans le corps.

Trois familles.

1.º Antennes composées de 9 articles,
2.º Antennes de 11 articles.
3.º Antennes de 18 articles.

86. LE CINIPS.........
Cynips.
Tom. 2. p. 289.
Antennes cylindriques brisées. Aîles inférieures plus courtes. Bouche armée de mâchoires. Aiguillon conique entre deux lames. Abdomen presque ovale, aplati des côtés, aigu en-dessous, attaché au corcelet par un pédicule court.

Trois

Trois familles.

1.º Anten.ᵉˢ composées de 9 anneaux.
2.º Antennes de 7 anneaux.
3.º Antennes de 13 anneaux.

87. LE DIPLOLÈPE... **Antennes filiformes longues, composées**
Diplolepsis.
Tom. 2. p. 3o8.
de 14 articles. Aîles inférieures plus courtes. Bouche armée de mâchoires. Aiguillon conique entre deux lames de l'abdomen. Abdomen presque ovale , aplati des côtés , aigu en - dessous , attaché au corcelet par un pédicule court. Trois petits yeux lisses.

88 L'EULOPHE......... **Antennes branchues. Aîles inférieures**
Eulophus.
Tom. 2. p. 3i2.
plus courtes. Bouche armée de mâchoires. Aiguillon conique. Abdomen presque ovale attaché au corcelet par un pédicule court. Trois petits yeux lisses.

89. L'ICHNEUMON.... **Antennes filiformes, longues, vibratiles.**
Ichneumon.
Tom.2. p.3i3.
Aîles inférieures plus courtes. Bouche armée de mâchoires. Aiguillon divisé en trois pièces. Abdomen attaché au corcelet par un pédicule long et mince. Trois petits yeux lisses.

90. LA GUÊPE........ **Antennes brisées, dont le premier anneau**
Vespa.
Tom.2. p.362.
est très - long. Aîles inférieures plus courtes. Bouche armée de mâchoires, avec une trompe membraneuse couchée en-dessous. Aiguillon simple et en pointe. Abdomen attaché au cor-

G

celet par un pédicule court. Trois petits yeux lisses. Corps glabre.

91. L'ABEILLE.......... Comme dessus ; corps velu.
Apis.
Tom. 2. p. 385.

Deux familles.

1.º Corps velu. Abeilles proprement dites.

2.º Corps très-velu. Abeilles-bourdons.

92. LA FOURMI....... Antennes brisées, dont le premier anneau
Formica.
Tom. 2. p. 420.
est très-long. Ailes inférieures plus courtes, et point d'ailes dans les mulets. Bouche armée de mâchoires. Abdomen attaché au corcelet par un pédicule court, avec une petite écaille entre deux. Trois petits yeux lisses.

SECTION SEPTIÈME.

(Cinquième de Géoffroi.)

DEUX ailes membraneuses, veinées. Un petit balancier sous l'origine de chaque aîle.

Cette section est divisée en 13 genres.

93. L'OESTRE.......... Antennes sétacées qui naissent d'un bou-
OEstrus.
Tom. 2. p. 451.
ton. Trois points au lieu de bouche. Trois petits yeux lisses.

94. LE TAON.......... Antennes sétacées coniques, divisées en
Tabanus.
Tom. 2. p. 457.
quatre parties. Bouche composée d'une trompe et de dents qui se joignent. Trois petits yeux lisses.

95. L'ASYLE........... Antennes sétacées coniques, divisées en
Asilus. quatre parties. Bouche formée par une
Tom. 2. p. 465. trompe simple et aiguë. Trois petits
yeux lisses.

96. LA MOUCHE armée Antennes sétacées et brisées. Bouche avec
(STRATIOME.) une trompe sans dents. Extrémité du
Stratiomys. corcelet armée de pointes. Trois petits
Tom. 2. p. 475. yeux lisses.

Deux familles.

1.º Corcelet armé de deux pointes.
2.º Corcelet armé de six pointes.

97. LA MOUCHE......... Antennes formées par une palette plate
Musca. et solide, avec une soie ou poil latéral.
Tom. 2. p. 483. Bouche avec une trompe sans dents.
Trois petits yeux lisses.

Cinq familles.

1.º Mouches à aîles panachées.
2.º ————— à masque.
3.º ————— panachées.
4.º ————— dorées.
5.º ————— communes.

98. LE STOMOXE..... Antennes formées par une palette, poil
Stomoxys. latéral velu. Bouche formée par une
Tom. 2. p. 538. trompe simple et aiguë. Trois petits
yeux lisses.

99. LA VOLUCELLE.. Antennes comme ci-dessus, et placées sur
Volucella. la tête. Bouche formée par une trompe
Tom. 2. p. 540. renfermée dans une gaine ou un bec
aigu. Trois petits yeux lisses.

100. La Némotèle... *Nemotelus.* Tom. 2. p. 542.

Antennes grenues terminées par une pointe, et placées sur la gaine de la trompe. Bouche formée par une trompe comme dessus. Trois petits yeux lisses.

201. Le Scatopse.... *Scathopse.* Tom. 2. p. 544.

Antennes filiformes. Bouche avec une trompe sans dents. Trois petits yeux lisses.

102. L'Hippobosque.. *Hippobosca.* Tom. 2. p. 546.

Antennes sétacées très-courtes composées d'un seul poil. Bouche en bec cylindrique et obtus. Point de petits yeux lisses.

103. La Tipule...... *Tipula.* Tom. 2. p. 548.

Antennes filiformes, un peu pectinées (souvent en panache dans les mâles), beaucoup plus longues que la tête. Bouche avec des barbillons recourbés et articulés. Trois petits yeux lisses.

Deux familles.

1.º A ailes étendues, ou tipules couturières.

2.º A ailes rabattues, ou tipules culiciformes.

104. Le Bibion....... *Bibio.* Tom. 2. p. 568.

Antennes en ifs, perfoliées, presqu'aussi courtes que la tête. Bouche comme ci-dessus. Yeux de même.

105. Le Cousin...... *Culex.* Tom. 2. p. 573.

Antennes pectinées (en panache dans les mâles). Bouche formée par un tuyau mince et filiforme. Point de petits yeux lisses.

SECTION HUITIÈME.

(Sixième de Géoffroi).

POINT d'ailes dans les deux sexes.

Cette section est simplement divisée en genres au nombre de 15.

106. LE POU............ Six pattes. Deux yeux. Antennes filifor-
Pediculus. mes. Abdomen simple.
Tom. 2. p. 595.

107. LA PODURE..... Six pattes. Deux yeux. Queue fourchue
Podura. repliée à l'extrémité de l'abdomen , et
Tom. 2. p. 605. faisant ressort pour aider l'insecte à
sauter. Corps couvert de petites écailles.

· Deux familles.

1.º Globuleuses.

2.º Allongées.

108. LA FORBICINE.. Six pattes , dont l'origine est large et
(LÉPISME.) écailleuse. Deux yeux. Bouche avec
Forbicina. deux barbillons mobiles. Antennes fili-
Tom. 2. p. 611. formes. Trois filets au bout de la queue.
Corps couvert de petites écailles.

109. LA PUCE......... Six pattes, propres à sauter. Deux yeux.
Pulex. Bouche recourbée en-dessous. Anten-
Tom. 2. p. 614. nes filiformes. Abdomen simple et ar-
rondi.

110. LA PINCE........ Huit pattes. Deux yeux. Antennes en
Chelifer. pinces de crabes, plus longues que la
Tom. 2. p. 817. trompe.

G 3

111. LA TIQUE........ Huit pattes. Deux yeux. Antennes sim-
    (MITTE.)   ples, plus courtes que la trompe.
    Acarus.
    Tom. 2. p. 619.

112. LE FAUCHEUR... Huit pattes. Deux yeux. Antennes for-
    Phalangium.   mant un angle aigu. Deux longs bar-
    Tom. 2. p. 627.   billons semblables à des antennes.

113. L'ARAIGNÉE..... Huit pattes. Huit yeux.
    Aranea.
    Tom. 2. p. 629.   *Cinq familles.*

         1.º Yeux en lunule.

         2.º ——— en carré.

         3.º ——— sur 2 lignes.

         4.º ——— sur 3 lignes.

         5.º ——— en bouquets.

114. LE MONOCLE.... Six pattes. Un seul œil. Antennes bran-
    Monoculus.   chues, avec plusieurs poils latéraux.
    Tom. 2. p. 651.   Corps crustacé.

115. LE BINOCLE..... Six pattes. Deux yeux. Antennes simples
    Binoculus.   et sétacées. Queue fourchue. Corps
    Tom. 2. p. 658.   crustacé.

116. LE CRABE....... Dix pattes ; les deux premières en forme
    Cancer.   de pinces. Deux yeux. Antennes fili-
    Tom. 2. p. 661.   formes. Queue composée de plusieurs
         lames. Corps crustacé.

117. LA CLOPORTE... Quatorze pattes. Deux antennes coudées.
    Oniscus.
    Tom. 2. p. 668.

118. L'ASELLE......... Quatorze pattes. Quatre antennes brisées,
    Asellus.   dont deux sont plus longues.
    Tom. 2. p. 671.

219. **La Scolopendre.** *Scolopendre.* Tom. 2. p. 673. — Vingt-quatre pattes au moins, souvent davantage. Corps applati. Antennes filiformes composées de plusieurs articles courts.

220. **L'Iule............** *Julus.* Tom. 2. p. 678. — Plus de cent pattes. Corps arrondi et cylindrique. Antennes composées de cinq articles.

Observation. On ne compte dans l'Encyclopédie méthodique que cent dix-huit et même que cent dix-sept genres décrits par Géoffroi ; mais, dans l'énumération de ces genres, on oublie le vingt-sixième, celui du *Lupère ;* on donne le même n.º, le 104.me, au genre du *cousin* et à celui du *pou*, et l'on retranche celui de *l'eulophe*, que j'ai conservé à l'exemple d'Olivier. Le nombre des genres de Géoffroi s'élève donc à cent vingt. On s'est pareillement trompé dans le même ouvrage, sur le calcul des espèces : leur nombre n'y est porté qu'à mille trois cent vingt-cinq, tandis que, compris une mante et deux cigales du midi de la France, il est réellement de mille quatre cent cinquante-cinq.

Fourcroi, dans son *Entomologia Parisiensis* (*), où il a suivi la méthode de Géoffroi, a augmenté le nombre des insectes trouvés aux environ de Paris, de plus de deux cent cinquante espèces.

(*) *Entomologia Parisiensis, sive catalogus insectorum quae in agro parisiensi reperiuntur.* ——— *Parisiis, viâ et aedibus scrpentincis.* M. DCC. LXXXV.

MÉTHODE

ENTOMOLOGIQUE

DE LINNÉ,

Combinée avec celle de Fabricius ;

Par J. Frid. Gmelin.

L'excellent travail de Gmelin dont je donne ici la traduction, est un chef-d'œuvre de précision et de méthode. Pour le compléter, j'ai cru devoir y ajouter la synonimie des principaux entomologistes, que j'ai désignés par les lettres initiales de leur nom, ainsi qu'il suit :

DEG......... *Degeer*, Mém. sur les ins. 8 vol. *in-4.º* fig. Stockholm, 1752.

FAB.......... *Fabricius*, Syst. ent. 1 vol. Leypsick, 1775. Sp. insect. Hambourg, 1781.

GÉOFF..... *Géoffroi*, Hist. des ins. des env. de Paris, 2 vol. *in-4.º* fig. Paris, 1752.

LAT......... *Latreille*, Précis des caract. des ins. 1 vol. *in-8.º* Brive, an 5 de la république.

OLIV........ *Olivier*, Entomologie de l'Encyclopédie méthodique.

PALL........ *Pallas*, Icones ins. Russiæ Sybiriæque, fasc. *in-4.º* Erlang, 1781.

SCHOEFF.. *Schœffer*, Ins. des env. de Ratisbonne, 3 vol. *in-4.º* Londres, 1731.

MÉTHODE
ENTOMOLOGIQUE
DE LINNÉ,

Combinée avec celle de FABRICIUS;

PAR J. FRID. GMELIN. (*)

Cette Méthode est divisée en sept Ordres tirés de la considération des aîles.

ORDRE 1.er *COLÉOPTÈRES*. Aîles couvertes d'élytres dures et coriaces.

ORDRE 2.me *Hémiptères*. Élytres molles, ou semi-membraneuses et semi-coriacées, se recouvrant par leur bord intérieur. Bouché en bec recourbé sous la poitrine.

ORDRE 3.me *Lépidoptères*. Quatre aîles couvertes d'écailles imbriquées. Trompe roulée en spirale.

(*) *Systema naturae Caroli à Linné, editio decima - tertia curâ J. Frid. Gmelin. Lugduni, apud J. B. de la Morliere, 1789.*

ORDRE 4.me *Névroptères.* Quatre aîles nues, veineuses ou réticulées. Extrémité de l'abdomen inerme, ou muni de quelque appendice favorable à l'union des deux sexes.

ORDRE 5.me *Hyménoptères.* Quatre aîles membraneuses, nues. Abdomen de la femelle terminé par un aiguilllon.

ORDRE 6.me Deux aîles. Balanciers situés à la base de chaque aîle, implantés sous une petite écaille.

ORDRE 7.me Aîles nulles dans les deux sexes.

CLASSES
DU SYSTÈME
DE FABRICIUS.

Bouche armée de Mâchoires et de quatre ou six Antenulles.

CLASSE I.re
ELEUTERATA.
Mâchoire nue et libre.

CLASSE II.
ULONATA.
Mâchoire couverte d'un casque obtus.

CLASSE III.
SYNISTATA.
Mâchoire unie avec la lèvre.

CLASSE IV.
AGONATA.
Point de mâchoire inférieure.

Bouche armée de Mâchoires et de deux Antenulles.

CLASSE V.
UNOGATA.
Mâchoire inférieure souvent armée d'un onglet.

CLASSE VI.
GLOSSATA.
Bouche munie d'antenulles et d'une langue en spirale.

CLASSE VII.
RYNGOTA.
Bouche munie d'une trompe renfermée dans une gaine articulée.

CLASSE VIII.
ANTLIATA.
Bouche munie d'un suçoir renfermé dans une gaine

O R D R E   P R E M I E R.
C O L É O P T È R E S.

Eleuterates, Fabr.

Aîles couvertes d'élytres dures et coriaces.

<table>
<tr><td>Système de la nature,
classe V, tome I,
partie IV.

Page 1526.
Scarabé . . . .
Scarabaeus.
Géoff.</td><td>Antennes en massue. Massue lamel-
leuse. Quatre palpes. Mandibules cornées,
presque sans dents. Pattes antérieures
souvent dentées.</td></tr>
</table>

* Palpes filiformes.

† Mandibules arquées.

a) Édentées. *Scarabé*, Fabr.

b) Mandibules arquées, un peu dentées. Sommet de l'abdomen découvert, obliquement tronqué. *Mélolonthe*, Fabr. Oliv. Latr.

†† Mandibules droites.

a) Aiguës. *Cétoine*, Fab. Oliv. Latr.

b) Obtuses. *Trichie*, Fab. Latr. *Cétoine*, Oliv.

** Palpes capités. *Trox*, Fab. Oliv. Latr.

*** Palpes cylindriques. Massue des antennes tuniquée. *Lethrus*, Fab. Oliv. Latr. *Lucane*, Pallas.

LUCANE. . . . . . . Antennes en massue. Massue compri-
Lucanus.
Fab. Oliv. Latr. méc, le côté plus large pectiné. Mâchoires
Platycère, Géoff. prolongées, avancées et dentées. Deux
Page 1588. petites languettes sous la lèvre portant
les palpes.

DERMESTE. . . . . Antennes en massue. Massue perfoliée.
Dermestis. Trois articles plus gros. Corcelet convexe,
Page 1592. à peine bordé. Tête inclinée, se cachant
sous le corcelet.

      * Mâchoire bifide. *Dermeste*, Fabr.
      Oliv. Latr. Géoff. *Byrrhe*, Géoff.
      ** Mâchoire unidentée. *Apate*, Fab.
      Latr. *Ligniperda*, Pallas.

BOSTRICHE. . . . . Antennes en massue. Massue solide.
Bostrichus. Corcelet convexe, à peine bordé. Tête
Géoff. Fab. Oliv. Latr. inclinée, cachée sous le corcelet.
Apate, Fab.
Page 1600.

MÉLYRE. . . . . . . Lèvre en massue, émarginée. Anten-
Melyris. nes totalement perfoliées. Mâchoires
Fab. Oliv. *Anobie*, unidentées, aiguës.
Lagrie, *Hispe*,
Driops, Fab. Oliv.
Cicindelle, Géoff.
Page 1604.

PTINE. . . . . Antennes filiformes : derniers articles
Ptinus. plus grands. Corcelet presque rond, non
Page 1604. marginé, recevant la tête.

      * Palpes en massue. *Anobie*, Fab.
      Oliv. *Byrrhe*, Géoff.
      ** Palpes filiformes. *Ptine*, Fab. Oliv.
      Latr. *Bruche*, Géoff.

ESCARBOT,....
Hister.
Fab. Oliv. Latr.
Attelabe , Géoff.
Page 1608.
   Antennes en massue. Massue solide. Article inférieur comprimé , courbé. Tête rétractile sous le corcelet. Bouche armée de pinces. Élytres plus courtes que le corps. Pattes antérieures dentées.

GIRIN. . . . .
Gyrinus.
Géoff. Fab. Oliv. Latr.
Page 1611.
   Antennes cylindriques. Mâchoires cornées , très-aiguës. Quatre yeux , deux en-dessus , deux en-dessous.

BYRRHE. . . . . .
Byrrhus.
Fab. Oliv. Latr.
Cistèle , Géoff.
Page 1612.
   Antennes en massue. Massue perfoliée. Palpes égaux, presque en massue. Mâchoire bifide. Lèvre bifide.

ANTHRÈNE. . . .
Anthrenus.
Géoff. Fab. Oliv. Latr.
Page 1614.
   Antennes en massue. Massue solide. Palpes inégaux , filiformes. Mâchoire membraneuse , linéaire , bifide. Lèvre entière.

BOUCLIER . . . . .
Silpha.
Géoff. Fab. Oliv. Latr.
Dermeste, Anthribe, Géoff. *Microphore ,*
Tritome , Fab.
Page 1615.
   Antennes en massue. Massue perfoliée. Élytres bordés. Tête saillante. Corcelet presque plane, bordé.

NITIDULE . . . . .
Nitidula.
Page 1628.
   Antennes en massue. Massue solide. Élytres bordés. Tête saillante. Corcelet presque plane , bordé.

   * Lèvre carrée. *Élephore ,* Fab. Oliv. Latr.

   ** Lèvre cylindrique. *Nitidule ,* Fab. Oliv. Latr.

OPATRE......
Opatrum.
Fab. Oliv. Latr.
Ténébrion, Géoff.
Page 1631.

Antennes moniliformes, grossissant insensiblement. Élytres bordés. Tête saillante. Corcelet presque plane, bordé.

TRITOME......
Tritoma.
Fab. Oliv. Latr.
Érotyle, Oliv.
Page 1634.

Antennes en massue. Massue perfoliée. Palpes antérieures sécuriformes.

CASSIDE......
Cassida,
Géoff. Fab. Oliv. Latr.
Page 1635.

Antennes moniliformes. Élytres bordés. Corps débordé par les Élytres. Tête cachée sous le corcelet plane, en forme de chaperon.

COCCINELLE......
Coccinella.
Géoff. Fab. Oliv. Latr.
Page 1644.

Antennes en massue. Massue solide. Palpes antérieures sécuriformes, les postérieures filiformes. Corps hémisphérique. Corcelet et élytres bordés. Abdomen plane.

ALURNE......
Alurnus.
Fab. Oliv. Latr.
Page 1666.

Antennes filiformes. Six palpes très-courts. Mâchoires cornées, voûtées.

CHRYSOMÈLE......
Chrysomela.
Page 1667

Antennes moniliformes. Six palpes grossissant insensiblement. Corcelet et élytres non bordés. Corps ovale dans la plupart.

* Cuisses postérieures égales. *Chryso-mèle*, Géoff. Fab. Oliv. Latr.

** Sauteuses, cuisses postérieures renflées. *Altise*, Géoff. Fab. Oliv.

Antennes

GRIBOURI...... *Cryptocephalus.* Page 1700.   Antennes filiformes. Quatre palpes. Corcelet et élytres non bordés. Corps presque cylindrique.

* Palpes égaux, filiformes.
† Mâchoires unidentées.
§ Lèvres entières, cylindriques. *Gribouri*, Géoff. Fab. Oliv. Latr.

§§ Lèvre bifide; oblongs. *Cistelle*, Fabr. Oliv. Latr. *Ténébrion*, *Mordelle*, Géoff.

†† Mâchoire bifide, corps oblong. *Criocère*, Géoff. Fab. Oliv. Latr.

** Palpes inégaux, les antérieurs sécuriformes.

† Lèvre cornée. *Érotyle*, Fab. Oliv. Latr.

†† Lèvre membraneuse. *Lagrie*, Fab. Oliv. Latr. *Cantharide*, Géoff.

HISPE......... *Hispa.* Fab. Oliv. Latr. *Criocère*, *Ptine*, Géoff. Page 1732.   Antennes cylindriques, rapprochées par la base, situées entre les yeux. Palpes fusiformes. Corcelet et élytres souvent épineux.

BRUCHE...... *Bruchus.* Fab. Oliv. Latr. *Mylabre*, Géoff. Page 1734.   Antennes filiformes. Palpes égaux, filiformes. Lèvre acuminée.

H

PAUSE. . . . .   Antennes biarticulées , en massue.
Pausus.   Massue solide , uncinée.
Fucalius Arch. Ins.
Dalh. diss.
Page 1737.

ZYGIE. . . . .   Antennes moniliformes. Palpes iné-
Zygia.   gaux , filiformes. Lèvre alongée, mem-
Fab. Oliv. Latr.   braneuse. Mâchoire unidentée.
Page 1738.

ZONITIS. . . . . .   Antennes sétacées. Quatre palpes fili-
Zonitis.   formes. Mâchoire entière , plus longue
Fab. Latr. *Apale ,*   que les palpes. Lèvre échancrée.
Oliv. *Mylabre ,* Fab.
Page 1738.

APALE. . . . .   Antennes filiformes. Palpes égaux ,
Apalus.   filiformes. Mâchoire cornée, unidentée.
Fab. Pall. Oliv.   Lèvre membraneuse, tronquée, entière.
Pyrochre, Deg.
Page 1738.

BRENTE. . . . . .   Antennes moniliformes, prolongées au-
Brentus.   delà de la moitié du bec. Bouche en bec
Fab. Oliv. Latr.   avancé , droit , cylindrique.
Page 1739.

CHARANSON . . .   Antennes en massue, placées sur un
Curculio.   museau *(Latreille)* corné, proéminent.
Géoff. Fab. Oliv. Latr.   Quatre palpes filiformes.
Rhinomacer, Géoff.
Page 1740.

RHIMONACER . . .   Antennes sétacées, posées sur le mu-
Rhimonacer.   seau. Quatre palpes grossissant insensi-
Fab. Oliv. Latr.   blement.
Page 1808.

ATTÉLABE . . . .   Tête acuminée postérieurement, incli-
Attelabus.   née. Antennes moniliformes , grossies
Page 1808.   vers le sommet.

                  * Mâchoires bifides. *Attélabe ,* Fab.
                  Oliv. Latr. Géoff.

** Mâchoire unidentée ; palpes postérieures sécuriformes. *Clairon* ,
Géoff. Fab. Oliv. Latr.

NOTOXE. . . . . . . Antennes fiiliformes. Palpes sécuri-
Notoxus.
Géoff. Fab. Oliv. Latr. formes. Mâchoire unidentée.
Clairon , Géoff.
Page 1813.

CAPRICORNE. . . Antennes sétacées. Quatre palpes. Cor-
Cerambix.
Page 1814. celet épineux ou gibbeux. Élytres li-
néaires.

  * Quatre palpes égaux.

    † Filiformes.

      ¶ Mâchoire cylindrique , entière.
      Prione , Géoff. Fab. Oliv. Latr.

      ¶¶ Mâchoire obtuse , unidentée.
      Capricorne, Géoff. Fab. Oliv.
      Latr.

      ¶¶¶ Mâchoire bifide.

        § Cornée. *Lamie*, Géoff. Fab.
        Oliv. Latr.

        §§ Membraneuse. *Saperde* ,
        Fabr. Oliv. Latr. *Lepture* ,
        Géoff.

    †† Palpes capités. *Rhagie* , Fab.
    Sténocore, Géoff. Fab. Oliv. Latr.

    ††† Palpes en massue. *Callidie* ,
    Fab. Oliv. Latr. *Lepture*, Géoff.

  ** Palpes inégaux ; les deux antérieures filiformes, les postérieures
en massue. *Sténocore* , Fab. Géoff.
Oliv. Latr.

C A L O P E . . . . 　Antennes filiformes. Quatre palpes ;
Calopus.　　　les antérieures en massue , les posté-
Fab. Oliv. Latr.　rieures filiformes. Corcelet gibbeux.
Page 1865.　　　Élytres linéaires.

L E P T U R E . . . . . 　Antennes sétacées. Quatres palpes
Leptura.　　　filiformes. Élytres atténuées vers le som-
Géoff.　　　　met. Corcelet presque cylindrique.
Page 1866.

　　　　　* Lèvre entière. *Donacie* , Fab. Oliv.
　　　　　　Latr.

　　　　　** Lèvre bifide. *Lepture* , Fab. Oliv.
　　　　　　Latr. *Sténocore* , Géoff.

N É C Y D A L E . . . . 　Antennes sétacées ou filiformes. Quatre
Necydalis.　　　palpes filiformes. Élytres plus petites ,
Page 1878.　　　plus courtes et plus étroites que les aîles.
　　　　　　　Queue simple.

　　　　　* Antennes sétacées. élytres plus courtes
　　　　　　que les aîles et l'abdomen. *Lepture*,
　　　　　　Fab.

　　　　　** Antennes filiformes. Élytres subulées
　　　　　　de la longueur de l'abdomen. *Ne-*
　　　　　　cydale , Fab. Latr. Schœff. *Cantha-*
　　　　　　ride , *Lepture* , *Cicindelle* , Géoff.

L A M P Y R E . . . . . 　Antennes filiformes. Quatre palpes.
Lampyris.　　　Élytres fléxibles. Corcelet semi - orbicu-
Page 1882.　　　laire , couvrant et entourant la tête.
　　　　　　　Côtés de l'abdomen plissés en papilles.
　　　　　　　Femelle, (dans la plupart) aptère, sem-
　　　　　　　blable à une larve *phytiphage* , (qui se
　　　　　　　nourrit de plantes).

* Palpes presqu'en massue. *Lampyre*, Géoff. Fab. Oliv. Latr.

** Palpes presque filiformes. *Pyrochre*, Géoff. Fab.

*** Dernier article des palpes tronqué et renflé. *Lycus*, Fab. Oliv. Latr.

HORIE.........
Horia.
Fab. Oliv. Latr.
Page 1888.

Antennes moniliformes. Quatre palpes grossissant insensiblement. Lèvre linéaire, arrondie à l'extrémité.

CUCUJUS......
Cucujus.
Fab. Oliv. Latr.
Page 1889.

Antennes filiformes. Quatre palpes égaux ; le dernier article tronqué et renflé. Lèvre courte, bifide. Fissures linéaires éloignées. Corps déprimé.

CANTHARIDE....
Cantharis.
Page 1890.

Antennes filiformes. Corcelet (bordé dans la plupart), plus court que la tête. Élytres fléxibles. Côtés de l'abdomen plissés en papilles.

* Quatre palpes sécuriformes. *Cantharide*, Fab. Oliv. *Cicindelle*, Géoff.

** Palpes filiformes; le dernier article sétacé. *Malachie*, Fab. Oliv. Latr. *Cicindelle*, Géoff.

*** Palpes antérieurs avancés; le pénultième article augmenté d'un grand appendice fendu, le dernier arqué et aigu. *Lymexylon*, Fab. Oliv. Latr.

SERROPALPE . . . .   Antennes sétacées. Quatre palpes iné-
Serropalpus.   gaux; les antérieurs plus longs, profon-
Hellen. Act.   dément dentés en scie. Quatre articles :
Stockolm, Latr.   le dernier très-grand, tronqué, com-
Taupin, Fab.   primé, en forme de bassin au sommet;
Page 1901.   les postérieurs presqu'en massue. Cor-
celet bordé, recevant la tête antérieure-
ment : un angle saillant de chaque côté.
Tête penchée. Pieds fossoyeurs. *(Fossorii)*

TAUPIN . . . .   Antennes filiformes. Quatre palpes
Elater.   sécuriformes. Sternum prolongé en une
Géoff. Fab. Oliv. Latr.   pointe reçue dans une cavité de l'abdo-
Page 1901.   men, lui servant de ressort pour sauter,
quand il est couché sur le dos.

CICINDELLE . . . .   Antennes sétacées. Six palpes filifor-
Cicindela.   mes; les postérieurs pileux. Mandibules
Page 1919.   saillantes, à plusieurs dents. Yeux sail-
lans. Corcelet arrondi et bordé.

      * Lèvre tridentée. *Cicindelle*, Fab.
Oliv. *Bupreste*, Géoff.

      ** Lèvre arrondie, entière, acuminée.
Élaphre, Fab. Oliv. *Bupreste*,
Géoff.

BUPRESTE . . . . .   Antennes filiformes, en scie, de la
Buprestis.   longueur du Corcelet. Quatre palpes
Fab. Oliv. Latr.   filiformes : dernier article obtus et tron-
Cucujus, Géoff.   qué. Tête à moitié retirée sous le cor-
Page 1926.   celet.

HYDROPHILE.... *Hidrophylus.* Géoff. Fab. Oliv. Latr. *Page 1941.*
Antennes en massue. Massue per-foliée. Quatre palpes filiformes. Pattes postérieures velues, propres à nager, *(natatorii)* submutiques.

DITIQUE..... *Dyticus.* Géoff. Fab. Oliv. Latr. *Page 1944.*
Antennes sétacées. Six palpes filifor-mes. Pattes postérieures velues, propres à nager, *(natatorii)* presque mutiques.

CARABE...... *Carabus.* Fab. Oliv. Latr. *Buprestis*, Géoff. *Scarite,* Oliv. *Scolyte,* Fab. *Page 1959.*
Antennes filiformes. Six palpes : le dernier article obtus et tronqué. Corcelet obcordé, tronqué à son sommet, et bordé. Élytres bordées.

TÉNÉBRION.... *Tenebrio.* *Page 1993.*
Antennes moniliformes ; le dernier article arrondi. Corcelet plane, convexe, bordé. Tête saillante. Élytres uu peu rudes.

* Six palpes filiformes. Pieds antérieurs fossoyeurs, *(fossorii)* palmés, den-tés. *Scarite*, Fab. Pall.

** Palpes inégaux, filiformes. *Scaure,* Fab.

*** Quatre palpes inégaux : les anté-rieurs presqu'en massue, les posté-rieurs filiformes. *Ténébrion,* Fab. Géoff. *Platycère,* Géoff. *Mylaride,* Pall.

PIMÉLIE..... *Pimelia.* *Page 2000.*
Antennes filiformes. Quatre palpes. Corcelet plano - convexe, bordé. Tête saillante. Élytres un peu rudes. Aîles nulles dans la plupart.

      * Antennes moniliformes au sommet.
       † Palpes en massue. *Blaps* , Fab.
         Oliv. Latr. *Ténébrion*, Géoff.
      †† Filiforme. *Pimélie* , Fab. Oliv.
         Latr. *Ténébrion* , Géoff.
     ** Antennes totalement filiformes.
      † Quatre palpes filiformes. *Sépidie* ,
         Fab. Oliv. Latr.
      †† Palpes antérieurs sécuriformes ;
         les postérieurs en massue. *Hé-*
         lops, Fab. Oliv. Latr. *Ténébrion*,
         Géoff. *Érclyte* , Fab.

MANTICORE.....
Manticora.
Fab. Oliv. Latr.
Page 2012.

Antennes filiformes ; articles cylindri-driques. Quatre palpes filiformes. Cor-celet antérieurement arrondi, émarginé postérieurement vers le sommet. Tête avancée. Mandibules saillantes. Élytres connés. Ailes nulles.

ÉRODIE......
Erodius.
Fab. Oliv. Latr. Forsk.
Page 2012.

Antennes moniliformes. Quatre palpes filiformes. Mâchoire cornée, bifide, tron-quée. Lèvre cornée, échancrée.

LYTTE.......
Lytta.
Fab. Pall. *Cantharide*,
Géoff.
Page 2013.

Antennes filiformes. Quatre palpes iné-gaux ; les postérieurs en massue. Corcelet presque rond. Tête inclinée , gibbeuse. Élytres molles, fléxibles.

MÉLOÉ.......
Meloe.
Page 2017.

Antennes moniliformes. Corcelet ar-rondi. Élytres molles , fléxibles. Tête inclinée , gibbeuse.

   * Aîles nulles. Élytres courts. *Méloë*,
    Fab. Oliv. Latr.

   ** Aîlés : aîles couvertes d'élytres.

    † Mâchoire bifide. *Mylabre*, Fab.
     Oliv. Latr.

    †† Mâchoire entière. *Cerocome* ,
     Fab. Oliv. Latr.

MORDELLE. . . . .
Mordella.
Géoff. Fab. Oliv. Latr.
Page 2022.

Antennes moniliformes ou pectinées. Quatre palpes ; les antérieurs en massue, les postérieurs filiformes. Tête se repliant sous le col quand l'animal est effrayé. Sommet des élytres fléchi en dehors. Une lame large à la base de l'abdomen , au-devant des cuisses.

STAPHILIN. . . . .
Staphylinus.
Géoff.
Page 2025.

Antennes moniliformes. Quatre palpes. Élytres dimidiées, recouvrant les aîles. Queue simple , portant deux vésicules oblongues.

   * Tous les palpes filiformes. *Staphilins*,
    Fab. Oliv. Latr.

   ** Palpes postérieurs sécuriformes.
    Oxipore, Fab. Oliv. Latr.

   *** Palpes antérieurs , en massue.
    Pœdere, Fab. Oliv. Latr.

FORFICULE. . . . .
Forficula.
Géoff. Fab. Oliv. Latr.
Page 2038.

Antennes sétacées. Palpes inégaux , filiformes. Élytres dimidiées, recouvrant les aîles. Queue en pinces.

Observation. Ce genre est dans les *ulonates* de Fabricius.

ORDRE DEUXIÈME
HÉMIPTÈRES.

Ulonates, —— *Ryngotes,* Fabr.

ÉLYTRES molles, ou semi-membraneuses et semi-coriacées, se recouvrant par leur bord intérieur.

Bouche en bec recourbé sous la poitrine.

BLATTE........ *Blatte.* Géoff. Fab. Oliv. Latr. *Page* 2041.	Tête inclinée. Antennes sétacées. Palpes inégaux, filiformes. Élytres et aîles planes, presque coriacées. Corcelet presque plane, orbiculé, bordé. Pattes propres à la course. *(Cursorii.)* Deux vésicules à l'anus (dans la plupart).
PNEUMORA.... *Pneumora.* *Gryllon* , Fab. *Page* 2047.	Corps ovale, enflé, transparent. Tête inclinée, munie de mâchoires. Corcelet convexe, cariné en-dessous. Élytres tombantes, membraneuses. Pattes propres à la course. *(Cursorii).*
MANTE........ *Mantis.* Géoff. Fab. Oliv. Latr. *Page* 2048.	Tête penchée, munie de mâchoires. Palpes filiformes. Antennes sétacées (*). Quatres aîles membraneuses, repliée en-dedans ; les inférieures plissées. Pattes antérieures comprimées , dentelées en scie inférieurement, armées d'une ongle solitaire, et d'un petit appendice sétacé, latéral et articulé ; les quatre postérieurs lisses, propres à marcher. *(Gressorii).* Corcelet linéaire, alongé, étroit.

(*) Voyez l'observation ci-dessus, méthode de Géoffroi, page 88.

GRILLON...... *Gryllus.* Page 2056.

Tête inclinée, munie de mâchoires et de palpes filiformes. Antennes sétacées ou filiformes. Quatre aîles lâches repliées en-dedans ; les inférieures plissées. Pattes postérieures propres aux sauts *(saltatorii)*: deux ongles à chaque patte.

* Antennes ensiformes. Tête conique, plus longue que le corcelet. *Acride* ou *Truxale*, Fab. Oliv. Latr.

** Corcelet cariné, plus long que les antennes filiformes. Palpes égaux. *Bulle* ou *Acridie*, Fab. Géoff.

*** Antennes sétacées. Palpes inégaux. Corcelet arrondi. Abdomen terminé par deux appendices sétacés. *Achete* , Fab.

**** Antennes sétacées. Palpes inégaux. Queue des femelles en coutelas. *Tettigone, Sauterelle*, Fab.

***** Antennes filiformes. Palpes simples. Queue simple. *Sauterelle, Grillon* , Fab.

FULGORE..... *Fulgora.* Fab. Oliv. Latr. *Cigale*, Géoff. Page 2089.

Tête prolongée en une sorte de mufle vide et léger. Antennes courtes au-dessous des yeux, à deux articles ; l'extérieur plus grand, globuleux. Bec courbé en-dessous, alongé. Gaine à cinq articles. Pattes propres à marcher. *(Grossorii)*.

CIGALE . . . . **Bec courbé en-dessous. Antennes sé-**
Cicada.
Page 2092.   **tacées. Quatre aîles membraneuses, lâches.**
Pattes propres à sauter *(saltatorii)* **dans**
la plupart.

     *** Antennes subulées, insérées sur le**
       front. *Membracis,* **Fab. Oliv. Latr.**
       Cigale, **Géoff.**

     **** Non sautantes.** *Tettigone,* **Fab.**

     ***** Antennes filiformes, insérées sous**
       les yeux.

        † Gaine du bec avancée, obtuse,
         cannelée supérieurement. *Cer-*
         copis, **Fab.**

        †† Gaine du bec très-courte, mem-
         braneuse, cylindrique, obtuse.
         Cigale, **Fab.**

NOTONECTE. . . . **Bec replié en-dessous. Antennes plus**
Notonecta.
Géoff. Fab. Oliv. Latr.   **courtes que le corcelet. Quatre aîles croi-**
Page 2118.   **sées et plissées, coriacées antérieurement.**
Pattes postérieures ciliées, propres à
nager. *(Natatorii).*

NÈPE. . . . . **Bec replié en-dessous. Antennes cour-**
Nepa.
Page 2120.   **tes. Quatre aîles cruciées et plissées, anté-**
rieurement coriacées. Pattes antérieures
chéliformes; les quatre autres propres à
la marche. *(Ambulatorii).*

     *** Antennes palmées. Lèvre nulle.**
       Nèpe, **Fab. Oliv. Latr. Géoff.**

     **** Lèvre avancée, arrondie.** *Naucore,*
       Fab. Oliv. Latr. Géoff.

PUNAISE...... *Cimex.* Géoff. Oliv. *Page 2123.*

Bec fléchi en-dessous. Antennes plus longues que le corcelet. Quatre aîles croisées et entrelacées ; les supérieures antérieurement coriacées. Dos plane : corcelet bordé. Pattes propres à la course.

   * Antennes insérées au - devant des yeux.

     † Lèvre nulle. *Acanthe*, Fab. Latr.

     †† Lèvre alongée, subulée, annelée, *Punaise*, Fab. Latr.

   ** Antennes insérées au - dessus des yeux. Becarqué. *Reduve*, Fab. Latr.

MACROCÉPHALE. *Macrocephalus.* Sweder act. Stockhólm. *Page 2201.*

Bec fléchi en-dessous. Gaine univalve à trois articles , renfermant trois soies. Mâchoires et lèvres nulles. Antennes avancées, très-courtes, presque moniliformes, en massue. Tête oblongue, cylindrique supérieurement. Écusson de la longueur de l'abdomen, déprimé, membraneux.

PUCERON..... *Aphis.* Géoff.Fab.Oliv.Latr. *Page 2201.*

Bec fléchi en-dessous. Gaine de cinq articles : une seule soie. Antennes sétacées, plus longues que le corcelet. Quatre aîles droites ou nulles. Pattes propres à marcher. Abdomen le plus souvent terminé par deux filets droits et distans.

KERMÉS. ...... *Chermes.* Géoff. Fab. Latr. *Coccus*, Géoff. Fab. Oliv. Latr. *Page 2211.*

Bec dans une gaîne pectorale : trois soies fléchies en-dessous. Antennes cylindriques, plus longues que le corcelet, terminées par un filet sétacé. Quatre aîles rabattues sur les côtés. Corcelet gibbeux. Pattes propres à sauter. Femelle aptère.

COCHENILLE . . .
Coccus.
Fab. Géoff. Oliv.
Page 2215.

Bec, gaine et soies pectorales. Antennes filiformes, courtes. Abdomen muni de soies postérieurement. Deux aîles droites chez les mâles : les femelles aptères.

THRIPS . . . .
Thryps.
Géoff. Fab. Oliv. Latr.
Page 2222.

Bec obsolète, ou trompe cachée dans une fente longitudinale. Antennes filiformes, de la longueur du corcelet. Corps linéaire. Abdomen se recourbant en-dessus. Quatre aîles couchées sur le dos, longitudinales, étroites.

ORDRE TROISIÈME.

LÉPIDOPTÈRES.

Glossates, Fab.

AÎLES, au nombre de quatre, couvertes d'écailles, imbriquées. Bouche : langue ou trompe roulée en spirale. Corps pileux.

Tome I, partie V.
Page 2225.

PAPILLON. . . . . .
Papilio.
Géoff. Fab. Oliv. Latr.

Antennes plus grosses au sommet, souvent en massue. Aîles perpendiculaires au corps, et conniventes dans le repos. *(Diurne),*

S P H I N X . . . .
Sphinx.
Page 2371.

Antennes presque prismatiques, atténuées aux deux extrémités. Trompe apparente (dans la plupart). Deux palpes réfléchis. Aîles penchées.

* Antennes écailleuses. Palpes pileux. Trompe spirale. *Sphinx*, Fab. Géoff. Oliv. Latr.

** Aîles entières. Anus barbu. Trompe apparente , tronquée. Antennes cylindriques. *Sésie*, Fab. Oliv. Latr. *Sphinx*, Géoff.

*** Trompe avancée, sétacée. Antennes renflées vers le milieu, variant par le port et par la larve. *Zigène*, Fab. Oliv. Latr. *Adscite*, Fab.

P H A L È N E . . . . . .
Phalœna.
Géoff.
Page 2400.

Antennes diminuant de la base au sommet. Trompe en spirale. Mâchoires nulles. Chaperon corné , court (dans un grand nombre).

Les phalènes nocturnes. Antennes plus souvent pectinées dans un des sexes seulement , multiarticulées dans tous , se nourrissant principalement du nectar des fleurs ;

Larve agile, glabre dans le plus grand nombre , plus ou moins cylindrique , vivant sur les feuilles des plantes ;

Chrysalide immobile, plus ou moins cylindrique, acuminée par sa portie pos-

térieure ou par ses deux extrémités, folliculée dans le grand nombre; se divisent :

*** Bombix . . . . .
Fab. Oliv. Latr**

Larve à seize pieds, le plus souvent
pileuse, presque cylindrique. Chrysalide
acuminée par son sommet. Antennes
filiformes, aiguës à leur extrémité. Deux
palpes comprimés, réfléchis, égaux,
pileux, obtus. Langue spirale, courte,
membraneuse, à peine saillante, filiforme, obtuse, bifide.

**** Géomètres . .
Phalènes, Fab.
Oliv. Latr.**

Larve à huit ou dix pattes; six pectorales, deux candales, et quelquefois
deux subcandales, marchant comme les
sangsues, droite pendant le repos, glabre.

Chrysalide acuminée à son sommet.
Antennes filiformes; articles obsolets.
Deux palpes égaux, réfléchis, membraneux, cylindriques. Trompe avancée,
membraneuse, sétacée, bifide. Aîles le
plus souvent horizontales dans l'état de
repos.

***** Tortrices . .
Fab.
Teigne, Géoff.**

Aîles très-obtuses, presque retuses;
bord extérieur courbé en-dedans. Antennes filiformes. Deux palpes égaux, presque nuds à la base, cylindriques, dilatés,
en ovale dans leur milieu, se terminant
en soie. Trompe avancée, membraneuse,
sétacée, bifide. *Larve* à seize pattes, se
nourrissant sur les feuilles, et s'y formant
en cocon.

Aîles

****** Pyrales ..**
Fab. Oliv. Latr.

Aîles conniventes, deltoïdes. Antennes filiformes ; articles obsolets. Deux palpes égaux, réfléchis, membraneux, cylindriques. Langue avancée, membraneuse, sétacée, bifide. Larve à 14--16 pattes.

******* Noctuelles ..**
Fab. Oliv. Latr.

Larve à seize pattes, le plus souvent glabre. Chrysalide acuminée au sommet. Antennes sétacées. Deux palpes comprimés, pileux, nuds et cylindriques à à leur extrémité. Langue avancée, cornée, sétacée, bifide.

******** Teignes ..**
Oliv., Géoff.

Larve à seize pattes, se cachant le plus souvent dans un fourreau. Chrysalide antérieurement acuminée. Antennes sétacées. Langue membraneuse, sétacée, bifide.

 a) *Teignes*. Fab. Latr.
  Quatre palpes inégaux. Larve vivant dans les cuisines, les étoffes ou les pelleteries, etc.

 b) *Alucites*. Fab. Latr.
  Deux palpes bifides jusques dans leur milieu : fissure intérieure très - aiguë.

********* Ptérophores ....**
Géoff. Fab. Oliv.

Aîles digitées, fendues jusqu'à leur base. Antennes sétacées. Deux palpes très-petits, cylindriques, filiformes, réfléchis, mols, terminés en alêne. Langue avancée, membraneuse, alongée, sétacée,

I

bifide. Larve à seize pattes, ovale, pileuse. Chrysalide nue, subulée au sommet.

******* HÉPIALES. Fab. Oliv. Latr.   Larve à seize pattes, presque cylindrique, souvent glabre, vivant de racines ou rhyzophage. Chrysalide folliculée, cylindrique, acuminée au sommet. Antennes courtes, moniliformes. Deux palpes égaux, obtus, comprimés, membraneux, réfléchis, recélant un rudiment de langue bifide.

ORDRE QUATRIÈME.

NÉVROPTÈRES.

Synistates , odonates , Fab.

QUATRE aîles nues, veineuses ou réticulées. Extrémité de l'abdomen inerme, ou muni de quelque appendice favorable à l'union des deux sexes.

LIBELLULE . . . . . *Libellula.* Géoff. *Page* 2619.   Bouche armée de plusieurs mâchoires. Lèvre trifide. Antennes plus courtes que le corcelet, très-menues, filiformes. Aîles étendues. Queue, dans les mâles, munie de pinces.

   * Aîles étendues dans le repos.

     § Fissure du dos de la lèvre très-menue. *Libellule,* Fabr. Oliv. Latr.

     §§ Fissures de la lèvre égales. *Aeshne,* Fab.

** Aîles droites dans le repos. Yeux
distans. Fissures externes de la lèvre
bifides. *Agrie,* Fab. Oliv. Latr.

Observ. Ce dernier genre est dans la classe des
unogates de Fabricus, parce que les divisions
latérales de la lèvre inférieure portent chacune à leur extrémité un petit onglet mobile.

ÉPHÉMÈRE....
Ephemera.
Géoff. Fab. Oliv. Latr.
Page 2628.

Bouche sans mandibules. Quatre palpes
très-courts, filiformes. Mâchoires courtes,
membraneuses, cylindriques, réunies à
la lèvre. Antennes courtes, subulées.
Deux grands yeux lisses *(stemmata ma-
xima)* au-dessus des yeux composés ou à
facettes. Aîles droites; les postérieures
très-courtes. Queue à 2 - 3 soies.

FRIGANE......
Phryganea.
Page 2631.

Mandibules cornées, courtes, arquées,
aiguës, inermes. Mâchoires membraneuses. Quatre palpes. Trois petits yeux
lisses. Antennes sétacées plus longues
que le corcelet. Aîles fléchies; les postérieures plissées.

* Mâchoire bifide. Queue à deux soies
tronquées. *Perle,* Géoff. *Semblide,*
Fab.

** Queue mutique. Mâchoire réunie
avec la lèvre. *Phrygane,* Fab.
Géoff. Oliv. Latr.

HÉMÉROBE....
Hemerobius.
Page 2638.

Mandibules courtes, cornées, Mâchoires cylindriques, droites, fendues. Lèvres
avancées, entières. Quatre palpes avancés,

inégaux, filiformes. Point de petits yeux lisses. Aîles penchées, non plissées. Antennes plus courtes que le corcelet, sétacées, avancées. Corcelet convexe.

* Lèvre cylindrique, membraneuse, annelée. *Semblide*, Fab.

** Lèvre cornée, arrondie au sommet, voûtée. *Hémérobe*, Géoff. Fab. Oliv. Latr.

Myrméléon....
Myrmeleo.
Fourmilion, Géoff.
Page 2642.

Mandibules et mâchoires cornées, aiguës. Lèvres avancées. Six palpes. Point de petits yeux lisses. Antennes grossies à l'extrémité. Aîles penchées. Queue des mâles en pinces, à deux filets presque droits.

* Palpes postérieurs beaucoup plus longs. Mâchoire unidentée. Lèvre membraneuse, carrée, tronquée, émarginée. *Myrméléon*, Fab. Oliv. Latr.

** Palpes presqu'égaux, filiformes. Mâchoire ciliée. Lèvres cornées, arrondies, entières. *Ascalaphe*, Fab. Oliv. Latr.

Panorpe.....
Panorpa.
Géoff. Fab. Oliv. Latr.
Page 2645.

Bouche prolongée en bec cylindrique, corné. Mandibules sans dents. Mâchoires bifides au sommet. Lèvres prolongées, recouvrant toute la bouche par des appendices cornés. Quatre palpes presqu'égaux.

Trois petits yeux lisses. Antennes filiformes, plus longues que le corcelet. Abdomen du mâle terminé en pinces, inerme dans la femelle.

RAPHIDIE.....
Raphidia.
Géoff. Fab. Oliv. Latr.
Page 2647.

Mandibules arquées, dentées. Mâchoires cylindriques, obtuses. Lèvres arrondies, entières; lèvres et mandibules cornées. Quatre palpes très-courts, presqu'égaux, filiformes. Trois petits yeux lisses. Aîles penchées. Antennes filiformes, de la longueur du corcelet. Corcelet prolongé, cylindrique. Abdomen de la femelle terminé par une appendice sétacée et recourbée. (*)

ORDRE CINQUIÈME.

HYMÉNOPTÈRES.

Synistates, Piezates, Fab.

QUATRE aîles membraneuses, nues. Abdomen de la femelle terminé par un aiguillon.

CINIPS......
Cynips.
Géoff. Fab. Oliv. Latr.
Page 2649.

Mâchoires courtes, unidentées, membraneuses. Mandibules arquées, fendues au sommet. Lèvres courtes, cylindriques, entières. Mandibules et lèvres cornées. Quatre palpes courts, inégaux, capités. Antennes moniliformes. Aiguillon en spirale, le plus souvent caché.

(*) Géoffroi n'a point observé ce dernier caractère.

TENTHRÈDE...
Tenthredo.
Géoff. Fab. Oliv. Latr.
Page 2653.

Mandibules cornées, arquées, inté-rieurement dentées. Mâchoires droites, obtuses au sommet. Lèvres cylindriques, trifides. Quatre palpes inégaux, filiformes. Ailes planes, renflées. Aiguillon à deux lames en scie, à peine saillantes. Deux petits tubercules distans, posés sur l'écusson.

SIREX........
Sirex.
Fab. Latr.
Urocère, Géoff.
Page 2671.

Mandibules renflées, cornées, tron-quées au sommet, denticulées. Mâchoires courbées en-dedans, acuminées, cylindriques, ciliées, membraneuses et entières comme les lèvres. Mâchoires et lèvres courtes. Quatre palpes; les postérieurs plus longs, grossissant vers l'extrémité. Antennes filiformes : plus de vingt-quatre articles égaux. Aiguillon saillant, denté en scie. Abdomen sessile, mucroné. Ailes lancéolées, planes.

ICHNEUMON...
Ichneumon.
Géoff Fab Oliv. Latr.
Page 2674.

Mâchoires droites, membraneuses, bifides, arrondies au sommet, dilatées, ciliées. Mandibules arquées, aiguës, inermes. Lèvres cylindriques, membraneuses au sommet, échancrées. Mâchoires et lèvres cornées. Quatre palpes inégaux, filiformes, placés au milieu de la lèvre. Antennes sétacées : plus de trente articles. Aiguillon saillant, logé dans une gaine cylindrique, bivalve.

SPHEX........
Sphex.
Page 2733.

Mâchoires entières. Mandibules cornées , courbées en - dedans , dentées. Lèvres cornées, membraneuses au sommet. Quatre palpes. Antennes peu au-delà de dix articles. Aîles planes, fléchies, (non plissées) dans les deux sexes. Aiguillon poignant , caché.

 * Antennes sétacées. Lèvre entière ; langue nulle. *Évanie* , Fab. Oliv. Latr.

 ** Antennes filiformes. Lèvre échancrée ; une soie de chaque côté. Langue fléchie en-dedans, trifide. *Sphex* , Géoff. Fab. Oliv. Latr.

SCOLIE........
Scolia.
Fab. Oliv. Latr.
Page 2735.

Mandibules arquées, très-aiguës, crénelées intérieurement. Mâchoires avancées, comprimées, presqu'obtuses à leur sommet, très - entières. Mandibules et mâchoires cornées. Langue fléchie en-dedans , trifide , très - courte. Lèvres avancées, membraneuses au sommet , entières. Quatre palpes égaux , courts, filiformes , placés au milieu de la lèvre. Antennes épaisses, filiformes ; premier article plus long.

THYNNE........
Thynnus.
Fab.
Page 2739.

Bouche cornée. Mandibules courbées en-dedans. Mâchoires courtes , droites. Lèvres plus longues que les mâchoires, membraneuses au sommet , trifides ;

la fissure du milieu émarginée. Langue très-courte, roulée en-dedans. Quatre palpes filiformes, égaux. Antennes filiformes.

LEUCOSPIS..... *Leucospis.* Fab. Oliv. Latr. *Page 2739.*　Bouche cornée. Mâchoires courtes. Mandibules épaisses, tridentées au sommet. Lèvres plus longues que les mâchoires, membraneuses au sommet, émarginées. Quatre palpes courts, égaux, filiformes. Antennes courtes, droites, en massue. Écaille lancéolée, longue, au-dessous de la poitrine. Aiguillon relevé, caché dans un sillon de l'abdomen.

TIPHIE...... *Tiphia.* Fab. Oliv. Latr. *Page 2740.*　Mâchoires membraneuseses, arrondies. Mandibules arquées, aiguës. Lèvres courtes, tridentées. Mandibules et lèvres cornées. Langue nulle. Quatre palpes filiformes, inégaux, avancés jusqu'au milieu de la lèvre. Antennes filiformes, arquées.

CHALCIDE..... *Chalcis.* Fab. *Guêpe*, Géoff. *Page 2742.*　Quatre palpes égaux. Antennes courtes, cylindriques, fusiformes ; le premier article sensiblement plus épais.

CHRYSIS..... *Chrysis.* Fab. Oliv. Latr. *Guêpe*, Géoff. *Page 2744.*　Bouche cornée, avancée. Mâchoires linéaires. Lèvres beaucoup plus longues, échancrées à leur sommet. Mâchoires et lèvres membraneuses. Langue nulle. Quatre palpes avancés, inégaux, filiformes. Antennes courtes, filiformes :

le premier article plus long ; les autres ,
au nombre de onze , plus courts. Corps
d'un jaune d'or , luisant , glabre ; l'abdomen voûté en-dessous. Deux écailles
latérales. Anus denté dans le plus grand
nombre. Aiguillon presque saillant. Aîles
planes.

GUÊPE . . . .
Vespa.
Page 2748.

Bouche cornée. Mâchoire comprimée.
Quatre palpes inégaux , filiformes. Antennes filiformes : premier article plus
long , cylindrique. Yeux lunulés. Corps
glabre. Aiguillon poignant, caché. Aîles
supérieures plissées dans les deux sexes.

   * Langue nulle.

     § Antennes grossissant vers l'extré-
      mité. *Guêpe* , Géoff. Fab. Oliv.
      Latr.

     §§ Antennes filiformes. *Frélon*, Fab.
      Oliv. Latr.

    ** Langue fléchie, quinquefide. *Bem-*
     bex , Fab. Oliv. Latr.

ABEILLE . . . . . .
Apis.
Page 2770.

Bouche cornée. Mâchoires et lèvres
membraneuses au sommet. Langue fléchie. Quatre palpes inégaux , filiformes.
Antennes filiformes , courtes. Aîles
planes. Aiguillon des femelles et des
neutres, poignant, caché.

   * Langue quinquefide. Palpes très-
    courts.

** Langue trifide.

    § Lèvres munies de deux soies membraneuses; une de chaque côté. *Andrène*, Fab. Oliv. Latr. *Abeille*, Géoff.

    §§ Lèvre inerme, comprimée, entière. Palpes postérieurs linguiformes. *Nomade*, Fab. Oliv. Latr. *Guêpe*, Géoff.

Fourmi. . . . . . .
Formica.
Géoff. Fab. Oliv. Latr.
Page 2797.

Quatre palpes inégaux : articles cylindriques placés sur le sommet de la lèvre presque membraneuse, et cylindrique. Antennes filiformes. Petite écaille droite, placée entre le corcelet et l'abdomen. Aiguillon des mâles et des neutres caché. Mâles et femelles aîlés; neutres aptères.

Mutille. . . . .
Mutilla.
Géoff. Fab. Oliv. Latr.
Page 2805.

Bouche cornée. Langue nulle. Mâchoires membraneuses au sommet. Lèvres avancées en cône renversé, portant quatre palpes inégaux : articles en cône renversé. Antennes filiformes. Aîles le plus souvent nulles. Corps pubescent. Corcelet postérieurement raccourci. Aiguillon poignant, caché.

ORDRE SIXIÈME.

DIPTÈRES.

Antliates, Fab.

Deux aîles. Balanciers en massue, situés à la base de chaque aîle, implantés sous une petite écaille.

OEstre . . . .
OEstrus.
Géoff. Fab. Oliv. Latr.
Page 2809.

Suçoir caché entre des lèvres vésiculeuses et connées, très-petit. Palpes nuls. Gaine membraneuse, cylindrique, obtuse, renfermant trois soies membraneuses, fléxibles, courtes, réfléchies. Antennes courtes, sétacées.

Tipule . . . .
Tipula.
Géoff. Fab. Oliv. Latr.
Page 2812.

Trompe très - courte, membraneuse, postérieurement canaliculée, renfermant une soie. Suçoir court, sans gaine. Deux palpes courbés en - dedans, égaux, filiformes, plus longs que la tête. Antennes filiformes dans un grand nombre.

Diopsis . . . . . .
Diopsis.
Fuessl.
Page 2829.

Tête à deux cornes filiformes, non articulées, beaucoup plus longues que la tête, au sommet desquelles sont placés les yeux.

Mouche . . . . . .
Musca.
Page 2829.

Trompe charnue, saillante. Deux lèvres égales. Suçoir muni de soies. Deux palpes courts. Antennes courtes (dans le plus grand nombre).

* Suçoir á gaine univalve. Antennes courtes, cylindriques, réunies par la base *Bibion*, Fab.
** Suçoir sans gaine.
§ Une soie.
¶ Antennes accuminées, réunies par la base. *Stratiome*, Géoff. Fabr. Oliv. Latr.
¶¶ Antennes courtes, en massue: le dernier article comprimé, portant une soie. *Mouche*, Géoff. Fab. Oliv. Latr.
§§ Suçoir à trois soies. *Rhagion*, Fab. Oliv. Latr.
§§§ Suçoir à quatre soies. *Syrphe*, Fab. Oliv. Latr.

TAON............
Tabanus.
Géoff. Fab. Oliv. Latr.
Page 2881.

Trompe droite, saillante, membraneuse. Deux lèvres égales. Suçoir avancé, saillant, se cachant dans une cannelue sur le dos de la trompe. Gaine univalve et à cinq soies. Deux palpes égaux, en massue acuminée. Antennes courtes, rapprochées, cylindriques, à échancrures acuminées, et composées de sept articles.

COUSIN........
Culex.
Géoff. Fab. Oliv. Latr.
Page 2886.

Suçoir droit et avancé. Gaine univalve, fléxible, à cinq soies. Deux palpes à trois articles. Antennes filiformes.

EMPIS........
Empis.
Fab. Oli . Latr.
Page 2889.

Suçoir à gaine univalve et à trois soies, courbé ainsi que la trompe. Palpes courts, filiformes. Antennes sétacées.

STOMOXE...... Suçoir à gaine univalve, renfermant
Stomoxus. des soies. Deux palpes courts, sétiformes,
Géoff. Fab. Oliv. à trois articles. Antennes courtes, rap-
Page 2891. prochées, portant une soie.

> * Gaine roulée, géniculée à la base :
> deux soies, dont la supérieure en-
> gaine l'inférieure. *Stomoxe*, Géoff.
> Fab. Oliv.

> ** Gaine couvrant la bouche. Quatre
> soies ; les deux latérales plus cour-
> tes et plus pointues. *Rhingie*, Fab.
> Oliv. Latr.

CONOPS......... Bouche en bec avancé, géniculé. An-
Conops. tennes en massue acuminée.
Page 2893.

> * Suçoir à gaine univalve raccourcie.
> Une soie. *Conops*, Fab. Oliv. Latr.

> ** Suçoir géniculé à la base et au
> milieu. Gaine bivalve. Valves éga-
> les. *Myope*, Fab. Oliv. Latr.

ASYLE......... Bouche en suçoir corné, avancé, droit,
Asilus. bivalve, gibbeux à la base. Antennes fili-
Géoff.Fab.Oliv.Latr. formes, courtes ; le dernier article ter-
Page 2895. miné en filet pointu.

BOMBILLE...... Bouche en suçoir très-long, sétacé,
Bombylius. droit, bivalve. Valves inégales et à 3
Fab. Oliv. Latr. soies. Deux palpes pileux, courts. Anten-
Page 2902. nes subulées, réunies par la base.

HIPPOBOSQUE. .. Bouche en suçoir court, cylindrique,
Hippobosca. droit, bivalve. Valvules égales. Antennes
Géoff.Fab.Oliv.Latr. filiformes, à deux articles. Pattes à deux
Page 2904. ou quatre ongles crochus.

ORDRE SEPTIÈME.

Aptères.

Synistates , Antliates , Unogates , Agonates , Mitozates , Fabr.

Aîles nulles dans les deux sexes.

Lépisme . . . . .
Lepisma.
Fab. Oliv. Latr.
Forbicine , Géoff.
Page 2906.
Bouche à quatre palpes , dont deux sétacés, et deux capités. Lèvre membraneuse, arrondie, émarginée. Antennes sétacées. Corps couvert d'écailles imbriquées. Anus muni de soies étalées. Six pattes propres à la course.

Podure . . . . . .
Podura.
Géoff. Fab. Oliv. Latr.
Page 2907.
Bouche à quatre palpes , presqu'en massue. Lèvre bifide. Deux yeux composés de huit autres plus petits. Queue fourchue, repliée en-dessous, propre pour le saut. Six pattes propres à la course.

Termés . . . . .
Termes.
Géoff. Fab. Oliv. Latr.
Page 2911.
Bouche à deux mâchoires cornées. Lèvre cornée, quadrifide. Laciniures linéaires , aiguës. Quatre palpes égaux, filiformes. Antennes moniliformes, (dans la plupart) deux yeux.

Pou . . . .
Pediculus.
Géoff. Fab. Oliv. Latr.
Page 2914.
Bouche en suçoir retractile, recourbé. Trompe et palpes nuls. Antennes de la longueur du corcelet. Deux yeux. Abdomen déprimé, presque lobé. Six pattes propres à la marche.

P u c e . . . .
Pulex.
Géoff. Fab. Oliv. Latr.
Page 2923.

Bouche sans palpes ni mâchoires. Bec alongé, replié en-dessous, couvert à la base de deux lames ovales. Gaine bivalve, à cinq articles. Soie unique. Lèvre arrondie, munie d'aiguillons réfléchis. Antennes avancées, moniliformes, grossissant vers le sommet. Deux yeux. Abdomen comprimé. Six pattes ; les postérieures plus longues, propres à sauter.

M i t t e . . . .
Acarus.
Page 2924.

Bouche sans trompe. Suçoir court à gaine bivalve, cylindrique, avancé droit, et roide. Deux palpes obtus, roides, composés de 3 articles comprimés, égaux, de la longueur du suçoir. Deux yeux situés aux côtés de la tête. Huit pattes.

* Antennes filiformes, comprimées, de la longueur des pattes. *Mitte,* Géoff. Fabr.

** Antennes sétacées. *Trombidie,* Fabr. Oliv. Latr.

H y d r a c h n é . . . .
Hydrachna, Müll.
Page 2935.

Tête, corcelet et abdomen réunis. Deux palpes articulés. Deux, quatre, six yeux. huit pattes.

F a u c h e u r . . . .
Phalangium.
Fage 2942.

Bouche à deux palpes filiformes. Mandibules cornées de deux pièces, dont la seconde est armée d'une dent mobile, très-aiguë, terminée en pinces. Antennes nulles. Deux yeux contigus placés sur le corcelet ; quelquefois deux latéraux. Huit pattes. Abdomen arrondi (le plus souvent).

* Suçoir conique, tubuleux. *Pycno-gone*, Fab. Oliv. Latr.

** Point de suçoir. *Faucheur*, Géoff. Fabr. Oliv. Latr. (*).

A R A I G N É E. . . .
Aranea.
Géoff. Fab. Oliv. Latr.
Page 2946.

Bouche à mâchoire cornée. Lèvre à sommet arrondi ; l'une et l'autre courtes. Deux palpes courbés en-dedans, articulés à sommet très-aigu ; en massue dans les mâles, portant les parties de la génération. Point d'Antennes. Huit yeux ; rarement six. Huit pattes. Anus muni de filières.

S C O R P I O N . . . .
Scorpio.
Fab. Oliv. Latr.
Page 2961.

Huit pattes. Huit yeux ; trois de chaque côté du corcelet, deux sur le derrière. Deux palpes très - longs en forme de bras, et terminés en pinces d'écrevisse. Lèvre bifide. Antennes nulles. Une queue alongée, articulée, terminée par un aiguillon arqué. Deux peignes sous le corps, entre la poitrine et l'abdomen.

(*) On désigne dans l'Encyclopédie méthod., sous le nom de *galéode*, un nouveau genre formé de de deux espèces jusqu'ici confondues par Fabricius et Pallas, avec les faucheurs. Les caractères distinctifs des galéodes se trouvent dans la forme des mandibules, dans la position des yeux situés à la partie antérieure de la tête, dans le nombre des pièces du tarse qui ne sont composées que de cinq articles, et terminées par deux onglets. Latreille, qui rapporte le même genre, dit que les yeux sont situés sur une élévation dorsale.

Huit

CRABE. . . . . Huit pattes, (rarement six ou dix) ;
Cancer.
Page 2963.   les deux premières en forme de pinces.
Six palpes inégaux. Deux yeux distans,
pédonculés dans le plus grand nombre,
alongés, mobiles. Mandibules cornées,
épaisses. Lèvre triple. Queue articulée,
inerme.

* Quatre Antennes.

Ю Le dernier article bifide. .Queue
courte. *Crabe*, Fabr. Oliv. Latr.

ЮЮ Antennes pédonculées, le der-
nier article des postérieures bifide.
Queue longue, aphylle. *Pagure*,
Fabr. Oliv. Latr.

Nota. Parasite, se logeant dans
des coquilles abandonnées.

ЮЮЮ Antennes pédonculées; les postérieures fendues. Queue longue.

§ Le test entourant le thorax
dans sa totalité. *Astace*, Fabr.
(*Écrevisse*).

§§ Le test ne recouvrant pas entièrement le thorax. *Squile*,
Fabr.

ЮЮЮЮ Antennes pédonculées, très-
simples. *Gammare*, Fabr.
Oliv. Latr. (*Crevette*).

** Deux antennes.

K

» Deux écailles arquées à la place des antennes postérieures. *Scillare*, Fab. Oliv. Latr.

»» Point d'écailles. Antennes fortement ciliées, ou couvertes de poils épais. *Ilippe*, Fabr. Oliv. Latr.

MONOCLE . . . . .
Monoculus.
Page 2996.

Quatre, huit, dix pattes ou davantage, propres à nager, très - longues. Corps revêtu d'une enveloppe crustacée, (couvert d'un test ou d'une coquille), alongé, atténué dans sa partie postérieure, de 5-10 segmens. Deux antennes plus épaisses; mais plus courtes dans les mâles : quelquefois nulles. Un œil, ou deux très-rapprochés. Quatre palpes sans cesse en mouvement pendant la natation : les derniers très-petits , crochus.

* Un seul œil.

» Corps crustacé.

§ Point d'antennes. *Polyphème*, Müller, Oliv. Latr. (*)

§§ Deux ou 4 antennes. *Cyclope*, Müll. Oliv. Latr.

»» Bivalves.

§ Tête apparente. Deux antennes rameuses; 8-12 pattes. *Daphnie*, Müll. Oliv. Latr.

______

(*) Le seul œil de cet insecte forme toute sa tête.

§§ Tête cachée. Deux antennes
pileuses : 8 pattes. *Cithères*,
Müll. Oliv. Latr.

§§§ Tête cachée. Deux antennes
capillaires, supères. Quatre
pattes. *Cyprides*, Müll. Oliv.
Latr.

✸✸✸ Uunivalves.

§ Quatre pattes. Deux antennes. *Amimone*, Müll. Oliv.
Latr.

§§ Six pattes. Deux antennes.
Nauplie, Müll. Latr. Oliv.

** Deux yeux. *Binocles*, Degeer.

✿ Univalves.

§ Yeux infères. Deux antennes :
4--8 pattes. *Argule*, Mull. Oliv.
Latr.

§§ Yeux sur le derrière de la
tête. (*) Deux ou six antennes.
Nombre de pattes variant. *Li-
mule*, Müll. Oliv. Latr. *Bino
cle*, Géoff.

(*) Dans les limules, les yeux sont situés sur le
dessus de la tête ou sur la nuque : *Oculis dorsalibus.*
Ces insectes sont les plus grands du genre du monocle : l'extrême petitesse de la plupart des autres
rend l'observation de leurs caractères très-minu-
tieuse, et souvent très-incertaine. Ce sont les ani-
malcules entomostracés de Müller.

SSS yeux marginaux. Deux antennes sétacées 8 --- 10 pattes.
Calige, Müll. Oliv. Latr.

♦♦ Bivalves. Tête apparente. Yeux
latéraux : 2--4 antennes capilla-
cées, infères. Huit pattes et davantage. *Lyncée*, Müll. Oliv.
Latr.

CLOPORTE. . . . .
Oniscus!
Géoff. Fab. Oliv. Latr.
Page 3009.

Mâchoire tronquée, denticulée. Lèvre
bifide. Palpes inégaux ; les postérieurs
plus longs. Antennes sétacées. Corps
ovale. Quatorze pattes.

SCOLOPENDRE. .
Scolopendra.
Géoff. Fab. Oliv. Latr.
Page 3015.

Antennes sétacées. Deux palpes filiformes, articulés, réunis entre les mâchoires. Lèvre dentée, fendue. Corps
déprimé. Pattes très-nombreuses, en
même nombre de chaque côté, que les
segmens ou anneaux du corps.

JULE. . . . .
Julus.
Fab. Oliv. Latr.
Page 3018.

Antennes moniliformes. Deux palpes
filiformes, articulés. Corps semi-cylin-
drique. Pattes nombreuses, plus du double de chaque côté, que les segmens ou
anneaux du corps.

TABLE GÉNÉRALE

Des genres de GÉOFFROI, et des genres et ordres de LINNÉ et de FABRICIUS.

	Géoff.	Lin.	Fab.
ABEILLE	98.	137.	
Acanthe			125.
Achète			123.
Acridie			Ibid.
Adscite			127.
Aesne			130.
Agonates			142.
Agrie			131.
Altise	83.		112.
Alucite			129.
Alurne		112.	
Amimone			147.
Anaspe	84.		
Andrène			138.
Anobie			110.
Anthrène	80.	111.	
Antribe	84.		
Antliates			139. / 142.
Apale			144.
Apate			110.
Aptères		142.	
Araignées	102.	144.	
Argule			147.
Ascalaphe			132.
Aselle	102.		
Astace			145.
Asyle	99.	141.	
Attelabe		114.	114.
BECMARE	83.		
Bembex			137.

	Géoff.	Lin.	Fab.
Bibion	100.		140.
Binocle			147.
Blaps			120.
Blatte	87.	112.	
Bombille		141.	
Bombix			128.
Bostriche	83.	110.	
Bouclier	80.	111.	
Bousier	Ibid.		
Brente		114.	
Bruche	81.		
Bulle			123.
Bupreste	81.	118.	
Byrrhe		111.	

C

	Géoff.	Lin.	Fab.
CALIGE			147.
Callidie			115.
Calope		116.	
Cantharide	85.	117.	
Capricorne	82.	115.	115.
Carabe		119.	
Cardinale	85.		
Casside	84.	112.	
Cercopis			124.
Cerf - volant	79.		
Cérocome	86.		121.
Cétoine			109.
Chalcide		135.	
Charanson	83.	114.	
Chrysis		135.	
Chrysomèle	83.	112.	112.

	Géoff.	Lin.	Fab.
Cicindelle..	81.	118.	118.
Cigale..	88.	124.	124.
Cinips..	96.	133.	..
Cistèle.	80.	..	113.
Cithère.	..	..	147.
Clairon.	84.	..	115.
Cloporte..	102.	148.	..
Coccinelle..	84.	112.	..
Cochenille..	90.	126.	..
Coléoptères.	..	109.	..
Conops.	..	141.	141.
Corise..	89.	..	..
Cousin.	100.	140.	..
Crabe..	102.	145.	145.
Crevette..	..	..	145.
Criocère.	83.	..	113.
Criquet.	87.	..	..
Cucujus.	..	117.	..
Cuculle.	85.	..	..
Cyclope.	..	..	146.
Cypride.	..	..	147.

D

	Géoff.	Lin.	Fab.
DAPHNIE	..	..	146.
Demoiselle.	94.	..	..
Dermeste.	80.	100.	100.
Diapère.	85.	..	..
Diopsis	..	139.	..
Diptères.	..	139.	..
Diplolèpe.	97.	..	..
Ditique.	81.	119.	..
Donacie..	..	..	116.

E

	Géoff.	Lin.	Fab.
Ecrevisse.	..	..	145.
Elaphre.	..	..	118.
Elephore..	..	..	111.
Eleuterates.	..	..	109.
Empis.	..	140.	..
Ephémère.	94.	131.	..
Erodie.	..	120.	..
Erotyle.	..	..	113.
Escarbot..	80.	111.	..

	Géoff.	Lin.	Fab.
Evanie.	..	..	135.
Eulophe.	97.	..	..

F

	Géoff.	Lin.	Fab.
FAUCHEUR.	102.	143.	144.
Forbicine.	101.	..	..
Forficule.	..	121.	..
Fourmi..	98.	138.	..
Fourmilion.	95.	..	..
Frelon..	96.	..	137.
Frigane.	95.	131.	131.
Fulgore.	..	123.	..

G

	Géoff.	Lin.	Fab.
GALÉODE.	..	144.	?
		(Nou.)	
Galéruque..	83.	..	?
Gommare.	..	..	145.
Géomètres.	..	..	128.
Girin.	..	111.	..
Glossates.	..	..	126.
Gribouri.	83.	113.	..
Grillon.	87.	123.	123.
Guêpe.	97.	137.	137.

H

	Géoff.	Lin.	Fab.
HÉLOPS.	..	..	120.
Hémérobe.	95.	131.	132.
Hémiptères.	..	122.	..
Hépiales.	..	..	130.
Hippe..	..	..	146.
Hippobosque.	..	141.	..
Hispe..	..	113.	110.
Horie..	..	117.	o
Hydrachné.	..	144.	..
Hydrophile.	81.	119.	..
Hyménopthères.	..	133.	..

I

	Géoff.	Lin.	Fab.
ICHNEUMON.	97.	134.	?

J

	Géoff.	Lin.	Fab.
JULE.	103.	148.	?

K

	Géoff.	Lin.	Fab.
KERMÈS.	90.	125.	?

L	Géoff.	Lin.	Fab.
LAGRIE			113.
Lamie			115.
Lampyre		116.	
Lépidoptères		126.	
Lépisme		142.	
Lepture	82.	116.	115.
Léthrus			109.
Leucopsis		136.	
Libellule	94.	130.	130.
Ligniperda			100.
Limule			147.
Lucane	79.	100.	
Lupère	82.		
Lycus			117.
Lymexilon			117.
Lyncée			148.
Lytte		120.	

M	Géoff.	Lin.	Fab.
MACROCÉPHALE		125.	
Malachie			117.
Mante	88.	122.	
Manticore		120.	
Méloë	86.	120.	121.
Mélolonthe	82.		109.
Mélyre		110.	
Membracis			124.
Mitte	102.	143.	143.
Monocle	102.	146.	
Mordelle	85.	121.	
Mouche	99.	139.	140.
Mouche armée	99.		
Mouche à scie	96.		
Mouche scorpion	95.		
Mutille		138.	
Mylabre	83.		121.
Mylaride		119.	
Myope			141.
Myrméléon	95.	132.	
Mytozates			142.

N	Géoff.	Lin.	Fab.
NAUCORE	89.		124.

	Géoff.	Lin.	Fab.
Nauplie			147.
Nécydale	86.	116.	116.
Nèpe	89.	124.	124.
Névroptères		130.	
Némotèle	100.		
Nicrophore			111.
Nitidule		121.	111.
Noctuelle			129.
Nomade			138.
Notonecte	89.	124.	
Notoxe		115.	

O	Géoff.	Lin.	Fab.
ODONATES			130.
OEstre	98.	139.	
Omalise	81.		
Opatre		112.	
Oxipore			121.

P	Géoff.	Lin.	Fab.
PAGURE			145.
Panache	79.		
Panorpe	95.	132.	
Papillon	91.	126.	
Pause		114.	
Perce-oreille	86.		
Perle	94.		
Phalène	92.	127.	
Piézates			133.
Pimélie		119.	120.
Pince	101.		
Platycère	79.	110.	
Pneumore		122.	
Podure	101.	142.	
Polyphème			146.
Pou	101.	143.	
Prione	82.		115.
Proscarabé	86.		
Psylle	90.		
Ptérophore	92.		
Ptine		110.	
Puce	101.	143.	
Puceron	90.	125.	

	Géoff.	Lin.	Fab.		Géoff.	Lin.	Fab.
Punaise	88.	125.	.				
Punaise à Aviron	89.	.	.	Synistates	{	.	130.
Pycnogone	.	.	144.			.	133.
Pyrales	.	.	129.			.	142.
Pyrochre	.	.	117.	Syrphe	.	.	140.
R				**T**			
Raphidie	94.	133.	.	Taon	98.	140.	.
Reduve	.	.	125.	Taupin	80.	118.	.
Rhagie	.	.	115.	Teigne	93.	129.	.
Rhagion	.	.	140.	Tenebrion	85.	119.	119.
Rhingie	.	.	141.	Tenthrède	96.	134.	.
Rhinomacer	.	114.	.	Termés	.	142.	.
Richard	80.	.	.	Tettigonie	{	.	123.
Ryngotes	.	.	122.			.	124.
S				Thynne	.	135.	135.
Saperde	.	.	115.	Tiphie	.	136.	.
Sauterelle	88.	.	123.	Tipule	100.	139.	.
Scarabé	79.	109.	109.	Tique	102.	.	.
Scarite	.	.	119.	Tortrices	.	.	128.
Scatopse	100.	.	.	Tourniquet	82.	.	.
Scaure	.	.	119.	Trichie	109.	.	.
Scillare	.	.	146.	Trips	.	126.	.
Scolie	.	135.	.	Tritome	84.	112.	.
Scolopendre	103.	148.	.	Trombidie	.	.	143.
Scolyte	84.	.	.	Trox	.	.	109.
Scorpion	.	144.	.	Truxale	.	.	123.
Scorpion aquatique	89.	.	.	**U**			
Semblide	.	.	132.	Ulonates	.	.	122.
Sépidie	.	.	120.	Unogates	.	.	142.
Serropalpe	.	118.	.	Urocère	96.	.	.
Sésie	.	.	127.	**V**			
Sirex	.	134.	.	Ver luisant	81.	.	.
Sphex	.	135.	.	Volucelle	99.	.	.
Sphinx	.	127.	.	Vrillette	80.	.	.
Squille	.	.	145.	**Z**			
Staphilin	86.	121.	121.	Zigène	.	.	127.
Sténocore	82.	.	115.	Zonitis	.	114.	.
Stomoxe	99.	141.	141.	Zigia	.	114.	.
Stratiome	99.	.	140.				

Fin de la Table.

E R R A T A.

N o t a. Si l'on inféroit de ce que j'ai dit pag. 37 , lig. 21 et
suivantes, sur les caractères tirés des parties de la bouche des insectes,
que je regarde ces caractères comme incertains ou variables, on inter-
préteroit mal ce que j'ai voulu dire. Je pense , au contraire , qu'ils
sont les plus solides et les moins sujets à varier, dont on puisse faire
usage dans une distribution méthodique , et que ce seroit en vain
qu'on en chercheroit de plus constans. Je me hâte de consigner ici
le véritable sens de ce passage, que la manière dont je me suis
exprimé , peut rendre louche et douteux.